智能制造工业软件应用系列教材

数字化工厂仿真

（下　册）

胡耀华　梁乃明　总主编
孙泽文　徐　慧　编　著

机械工业出版社

本书以 Plant Simulation 为实现工具，讲述数字化工厂仿真的建模仿真方法。Plant Simulation 是西门子公司的 Tecnomatix 系列软件中面向对象的、对生产系统进行建模仿真的先进软件。本书共 5 章，讲解 Plant Simulation 软件的高级功能及其在智能制造生产系统中的运用，内容包括对象属性、分析工具、数据接口、特殊对象及综合实例训练。通过对本书的学习，学生应对生产过程的建模和仿真有比较深刻的理解，能使用 Plant Simulation 对工位类、工件类、传送带类等各类对象编辑属性，应用分析工具分析仿真结果，通过数据接口接收其他外部应用程序的数据并传回，掌握特殊对象的添加和使用方法，并最终能进行智能工厂的综合建模和仿真分析，进一步掌握数字化工厂仿真的方法，培养智能制造生产系统数字化管理的能力。

本书内容全面，基本覆盖了数字化工厂仿真的基本操作、前沿功能与实际操作中易被忽略的知识点，不但可以作为高等院校智能制造工程、自动化、机械工程及其自动化、电气工程等相关专业的教学用书，也可作为技术开发人员及工程技术人员的培训和自学用书。

图书在版编目（CIP）数据

数字化工厂仿真. 下册/胡耀华，梁乃明总主编；孙泽文，徐慧编著. —北京：机械工业出版社，2021.12
智能制造工业软件应用系列教材
ISBN 978-7-111-69930-9

Ⅰ.①数… Ⅱ.①胡… ②梁… ③孙… ④徐… Ⅲ.①智能制造系统-系统仿真-高等学校-教材 Ⅳ.①TH166

中国版本图书馆 CIP 数据核字（2021）第 266618 号

机械工业出版社（北京市百万庄大街 22 号　邮政编码 100037）
策划编辑：徐鲁融　　　　责任编辑：徐鲁融　任正一
责任校对：张亚楠　刘雅娜　封面设计：王　旭
责任印制：李　昂
北京捷迅佳彩印刷有限公司印刷
2022 年 3 月第 1 版第 1 次印刷
184mm×260mm · 13.25 印张 · 326 千字
标准书号：ISBN 978-7-111-69930-9
定价：49.00 元

电话服务　　　　　　　　　网络服务
客服电话：010-88361066　机　工　官　网：www.cmpbook.com
　　　　　010-88379833　机　工　官　博：weibo.com/cmp1952
　　　　　010-68326294　金　书　网：www.golden-book.com
封底无防伪标均为盗版　机工教育服务网：www.cmpedu.com

前　言

随着"中国制造2025"和"两化融合政策"的提出，如何实现信息化和工业化的结合、提升制造技术水平，是我国制造业面临的一大挑战。数字化工厂仿真是由制造技术、计算机技术、网络技术与管理科学交叉、融合、发展与应用而演变出的一种先进制造技术，也是制造企业、制造系统与生产过程、生产系统不断实现智能化升级的必然选择。通过数字化工厂仿真，制造工程师可以在一个虚拟的环境中创建某个制造流程的完整定义，包括加工和装配工位设置、工厂设施布局、物料流和信息流分配等，应用知识库和优化流程，可以对产品的生产流程进行仿真优化，对工厂布局进行最佳设计等。国内外的汽车、航空航天等高端制造业越来越多地采用数字化工厂仿真技术来重新制订企业的发展战略。因此，生产系统仿真作为数字化制造核心领域之一，越来越受到高校、研究机构和企业的重视。

本书介绍的 Plant Simulation 软件是数字化工厂仿真软件中的一种，属于西门子公司的 Tecnomatix 软件系列。Plant Simulation 是典型的面向对象的仿真软件，强调运用人们日常的逻辑思维方法和原则，包括抽象、分类、继承、封装等。Plant Simulation 可以对各种规模的工厂和生产线进行建模、仿真和优化，分析和优化生产布局、资源利用率、产能和效率、物流和供需链，以便于承接不同大小的订单与混合产品的生产。它使用面向对象的技术和可以自定义的目标库来创建具有良好结构的层次化仿真模型，这种模型包括供应链、生产资源、控制策略、生产过程、商务过程。用户通过扩展的分析工具、统计数据和图表来评估不同的解决方案，并在生产计划的早期阶段做出迅速而可靠的决策。

本书与《数字化工厂仿真（上册）》相配合，重点介绍 Plant Simulation 的模型分析工具和外部数据接口，着重训练数字化工厂仿真的综合建模和分析能力。本书的第1章介绍工位类、工件类、传送带类、机器人类和图表标识类对象的属性编辑方法。第2章介绍瓶颈分析器、实验分析器、能耗分析器、遗传算法和 HTML 报告的使用方法，为仿真结果的分析奠定基础。第3章介绍 Teamcenter、SQLite、ODBC 等常用外部数据库的 Plant Simulation 接口添加方法和使用方法，拓展了 Plant Simulation 的数据范围，更贴近工程实际中的数据获取场景。第4章介绍贮料起重机、多龙门起重机、龙门式装载机、升降机和立体仓库的建模方法。第5章针对离散制造车间排程、利用遗传算法优化、利用数据接口与 PLC 交换数据设计了三个综合实例，综合训练运用 Plant Simulation 进行数字化工厂仿真设计、建模、数据获取、分析和优化的能力。

本书是智能制造工业软件应用系列教材中的一本，本系列教材在东莞理工学院马宏伟校长和西门子中国区总裁赫尔曼的关怀下，结合西门子公司多年在产品数字化开发过程中的经验和技术积累编写而成。本系列教材由东莞理工学院胡耀华和西门子公司梁乃明任总主编，本书由东莞理工学院孙泽文和西门子公司徐慧共同编著。虽然编著者在本书的编写过程中力求描述准确，但由于水平有限，书中难免有不妥之处，恳请广大读者批评指正。

编著者

目 录

前言

第1章　对象属性 ……………… 001

1.1　工位类对象属性 ……………… 001

1.2　工件类对象属性 ……………… 007

1.3　传送带类对象属性 ……………… 009

1.4　机器人类对象属性 ……………… 019

1.5　图表标识类对象属性 ……………… 023

第2章　分析工具 ……………… 035

2.1　瓶颈分析器 ……………… 035

2.2　实验分析器 ……………… 038

2.3　能耗分析仪 ……………… 040

2.4　遗传算法 ……………… 044

2.5　HTML报告 ……………… 068

第3章　数据接口 ……………… 070

3.1　Teamcenter 接口 ……………… 070

3.2　SQLite 接口 ……………… 075

3.3　ODBC 接口 ……………… 077

3.4　PLCSIM_ Advanced 接口 ……………… 085

3.5　Oracle11g 接口 ……………… 089

3.6　OPCUA 接口 ……………… 091

3.7　OPCClassic 接口 ……………… 101

3.8　SIMIT 接口 ……………… 104

3.9　Socket（套接字）接口 ……………… 107

3.10　ActiveX 接口 ……………… 111

3.11　XML 接口 ……………… 115

第4章　特殊对象 ……………… 126

4.1　贮料起重机 ……………… 126

4.2　多龙门起重机 ……………… 139

4.3　龙门式装载机 ……………… 150

4.4　升降机 ……………… 157

4.5　立体仓库 ……………… 167

第5章　综合实例训练 ……………… 181

5.1　离散制造车间排程实例 ……………… 181

5.2　利用遗传算法优化实例 ……………… 191

5.3　利用数据接口与PLC交换数据实例 ……………… 196

参考文献 ……………… 206

第1章

对 象 属 性

在遇到一些难以解决的问题时，除了可以查看 Plant Simulation 的帮助文档之外，还可以利用对象的属性来解决问题，需要通过不断试验来寻找最适合的属性。本章主要介绍 Plant Simulation 比较常用的对象属性，主要有工位类、工件类、传送带类、机器人类和图表标识类对象的属性。

1.1　工位类对象属性

在 Plant Simulation 中，工位类对象主要有单处理（Singleproc）、并行处理（Parallelproc）、装配（Assembly）、拆卸站（DismantleStation）、仓库（Store）、缓冲区（Buffer）和排序器（Sorter）。下面分别介绍各个工位的对应属性及其用法。

1.1.1　单处理（Singleproc）对象属性

工位类的对象属性大同小异，下面以单处理（Singleproc）属性为例讲解属性的具体用法。

右击模型中的对象图标，在弹出的菜单中选择"显示属性和方法"选项，则可以打开图 1-1 所示属性列表。从图 1-1 中可以看到对象的属性非常多，但其中大多数是不常用的。一般来说，常用的属性都会在对象的对话框中看到，常用的属性一般有 Capacity、Cont、Empty、Occupied、Full 等。如果在对话框中找不到想要的属性，可以在对象的属性列表中查找，找到关键词后，就可以在 Plant Simulation 的帮助文档中查看其具体用法。下面以图 1-2 所示"_3D. ShowContent"属性为例说明。

如图 1-2 所示，如果想明确"_3D. ShowContent"属性的作用和具体用法，则可以把该关键词复制到帮助文档中，然后就可以查看该属性的具体用法，如图 1-3 所示。

1.1.2　并行处理（Parallelproc）对象属性

并行处理是单处理的升级版，其中一个显著的区别就是其容量（Capacity）是可调的，不像单处理一样容量只有 1，所以并行处理的作用就是同时处理多个工件，其他属性与单处理基本相同。

图 1-1　单处理属性列表

图 1-2　单处理的 3D 属性

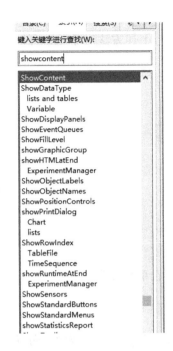

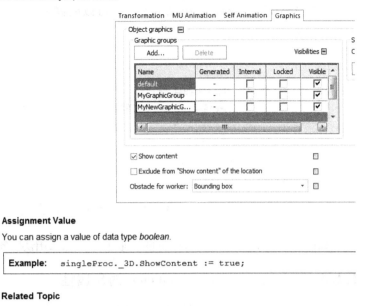

图 1-3 查看 3D 属性的具体用法

1.1.3 装配（Assembly）对象属性

装配对象的作用是将不同的实体或容器装配到一个容器上，最后使之成为一个整体。可以通过工位本身指定装配的对象，其主 MU 必须是容器，如图 1-4 所示。如果设置的主 MU 不是容器，那么当工件通过装配站时就会报"主 MU 负载容量不足"的错误。

图 1-4 装配的注意事项

可以在"装配"对话框中修改它的属性，例如，若想把"正在退出的 MU"从"主 MU"改为"新 MU"，就可以编写如下的方法对象程序：

MyAssembly. ExitingMU：="New MU"；

其中，MyAssembly 指的是装配站的名称，可以根据名称改变。运行上述方法对象后，可以看到的界面如图 1-5 所示。

图 1-5　用方法对象控制属性变化

其他的属性也是如此，如果想进一步了解其具体用法，可以查看帮助文档。

1.1.4　拆卸站（DismantleStation）对象属性

拆卸站的作用是将装配好的工件拆卸分离，让一部分工件继续流入后面的生产线中，而将另一部分拆卸出来。同样地，如果想改变它的对话框属性，也可以使用方法对象程序来控制。例如，若想把"拆卸模式"变为"创建 MU"，就可以用以下方法对象程序来实现：

MyDismantleStation. DismantleMode：="Create MUs"；

其中，MyDismantleStation 表示拆卸站的名称，可以根据实际来更改，运行上述方法对象程序后，得到图 1-6 所示界面。

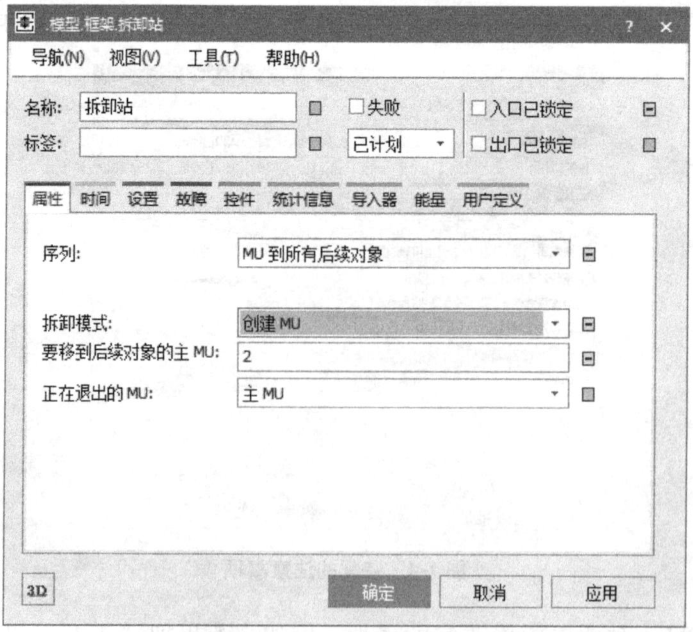

图 1-6　改变"拆卸模式"属性

其他属性也是如此，如果想进一步了解其具体用法，可以到帮助文档中查看。

1.1.5 存储（Store）对象属性

存储对象是用来存放物料的一个类似于缓冲区的工位，可以理解为仓库。它是按照横纵坐标来存储的，例如要存放物料到第 5 列第 5 行，表示的方式就是［5，5］。

可以使用对话框中的复选框、文本框和下拉列表设置属性的值，也可以通过赋值给相应属性来设置。例如，如果想要改变仓库的 Y 尺寸，可以通过以下方法对象程序来实现：

MyStore. YDim：= 10

其中，MyStore 为仓库的名称，可以根据实际改变。

仓库工位的 3D 显示状态如图 1-7 所示，它的初始状态是一个平面状的图形。

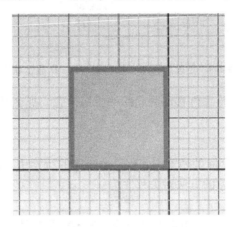

图 1-7 仓库工位 3D 显示的初始状态

如果想要改变它的状态，可以编辑它的 3D 属性，使之变为"物料架"的形式。具体方法为右击模型中的对象图标，然后依次单击选择"编辑 3D 属性"→"外观"→"类型"→"物料架"，如图 1-8 所示。

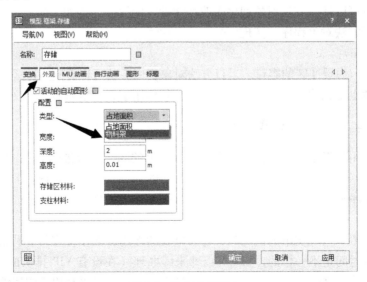

图 1-8 改变仓库状态

更改后仓库"物料架"的 3D 显示状态如图 1-9 所示。

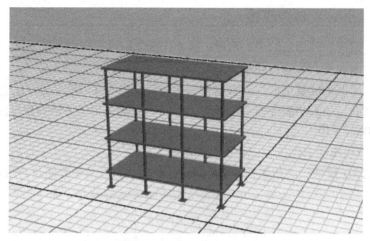

图 1-9　更改后仓库"物料架"的 3D 显示状态

在一些实际案例中，需将工件移动到仓库的指定位置，那么就可以用以下方法对象程序来实现：

@. move(store[x,y])

其中，@ 表示工件；x 表示仓库的列索引；y 表示仓库的行索引。同时也可以设置指定位置的 MU 出库，方法类似，具体的方法对象程序为：

Store[x,y]. move(z)

其中，z 为一个对象，可以是小车也可以是容器，但不能是实体。

1.1.6　缓冲区（Buffer）对象属性

缓冲区是用来存放 MU 的，通常放置在工位的附近，有了它可以避免产生瓶颈，让前面的工位正常生产，不用等待下一个工位加工完成。

同样地，也可以通过方法对象程序来改变缓冲区的属性。例如，如果想改变缓冲区的容量，可以用以下方法对象程序来实现：

Buffer. Capacity：= X

其中，X 为整数，为缓冲区的容量。运行方法对象程序后就可以看到缓冲区的容量已经发生变化。其他属性也是如此，如果想进一步了解其具体用法，可以查看帮助文档。

1.1.7　排序器（Sorter）对象属性

排序器的作用是根据定义的排序准则对位于其上的 MU 进行排序。MU 的退出顺序取决于设置的优先级。排序器首先移动具有最高优先级的部分，而不管其输入的时间。可以用排序准则和排序顺序来定义零件的优先级。排序准则的数据类型必须是实数或可转换为实数的其他类型。

排序器在模拟一些现实中的情况时有比较重要的作用，如模拟银行客户的排队，VIP 与普通客户的等待时间是不一样的，VIP 可以即来即办理（在没有 VIP 排队的情况），即使前面有普通客户排队。这就相当于设置了不同的属性，排序器可以利用不同属性的值来决定哪个工件先流转到下一个工位。

同样，排序器也可以用方法对象程序来控制其属性。例如，如果想让它的排序时间改为"按访问"，则可以通过以下方法对象程序来实现：

MySorter. TimeOfSort: = "on access"

运行上述方法对象程序后，对话框界面如图 1-10 所示。

图 1-10 改变排序器属性

1.2 工件类对象属性

工件可以是单个零件，也可以是固定在一起的几个零件的组合体。工件和工位是两种不同的对象，它们属性的具体用法也不同。工件包括三大类：小车、容器和实体。小车和容器都可以装载物料，是装载体，实体是一个单一个体，不能装载物料。所以实体相对于容器和小车，属性会少一些，如 Capacity、Cont 等。

1.2.1 小车对象属性

小车是一个比较特殊的工件，它既是一个装载体，也是一个运输工具，它在 Plant Simulation 中的作用非常重要。小车的原形为现实中的 AGV，它在运动时必须要有轨道作为载体，否则不能运动。小车的部分属性如图 1-11 所示。

如图 1-11 所示，其中 Backwards 是控制小车后退的指令，如果令 Backwards 为 true，则小车会后退，反之则前进。Speed 为小车独有的属性，因为其为运输工具。这两个属性在实际中用得非常多，读者需要经常练习，熟能生巧，才能在实际使用过程中事半功倍。

另外，AGV 的调度策略也是重点和难点，一个好的调度策略可以使工作更加高效。

图 1-11　小车的部分属性

实际中，经常会用到"小车+机器人"的组合来作为一条自动化产线的运输工具，如图 1-12 所示。下面用实例说明具体的操作方法。

1）建立一条轨道，长度自定。

2）建立一个生产小车的源，或者用方法对象程序控制，让小车生成在轨道上。

3）把小车的大小改为 0。

4）在轨道的前端放置机器人。

5）在轨道入口处编写方法对象程序让机器人跟着小车一起走。

图 1-12　"小车+机器人"的组合

具体程序如下：

```
Var n：integer
for var n：= 1 to 10000
        x. _3D. position：= track. cont. _3d. position
        wait 0. 05
next
```

其中，x 表示机器人的名称，这样写机器人就会跟着小车一起运动。同时也可以在传送带上添加一些传感器来控制小车的进退与停止，具体操作需要在实际过程中练习。

1.2.2　容器对象属性

容器最具特色的功能就是可以装载无限多个实体，且实体可以装载在其任何一个部位。部位的位置可以用 pe 表示，其用法为"pe(x，y)"，x 和 y 的值分别为图 1-13 中"#"号后面的数字。

例如，#0#0 表示为 pe（0，0），#0#1 表示为 pe（0，1），#1#0 表示为 pe（1，0），以此类推。每个 pe 点表示该容器中的一个位置，点的值要手动去编辑，如图 1-14 所示。

编辑好后单击"显示"按钮就可以看到该点在该容器中的位置，如果想让一个实体放到该容器的该点，可以用以下方法对象程序来实现：

. models. MU. gaizi. create(@ . pe(1,1))

其中，@ 表示该容器。

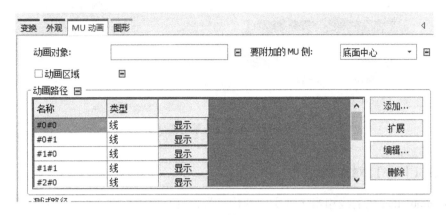

图 1-13 pe 的相关用法

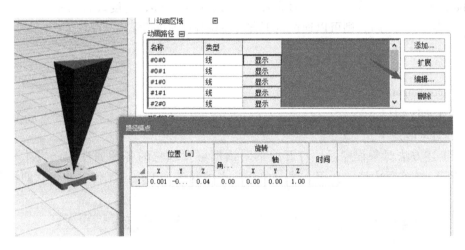

图 1-14 点值的编辑

1.2.3 实体对象属性

因为实体是一个单一个体，其对象属性相对于小车和容器来说用得不多，功能也没有小车和容器的多，这里不再表述。

1.3 传送带类对象属性

传送带类的对象主要作为一个运输的载体，它可以运输 MU。传送带类的类型主要包括线（Line）、角度转换器（AngularConverter）、转换器（Converter）、旋转输送台（Turntable）、转盘（Turnplate）、轨道（Track）和双通道轨道（TwoLaneTrack）。各类传送带大同小异，其中轨道和双通道轨道用于运输小车，其本身不移动，没有速度，其他几类均用于运输容器或实体，具有速度的几类传送带的图形如图 1-15 所示。

在《数字化工厂仿真（上册）》中已经介绍了这几类传送带的一般用法，接下来分别介绍它们的常用属性。

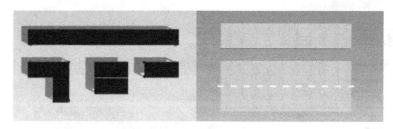

图 1-15　几类传送带的图形

1.3.1　线（Line）对象属性

Plant Simulation 里的线相当于现实中的传送带，具有运输工件的功能。可以设置它的速度、加速度、长度、类型等属性。

例如，如果想把线的长度设置为 6m，宽度设置为 0.5m，高度设置为 0.8m，速度设置为 1m/s，容量设置为 1，则可以通过以下方法对象程序来实现：

Line. length：＝6

Line. width：＝0.5

Line. baseheight：＝0.8

Line. speed：＝1

Line. capacity：＝1

运行上述方法对象程序后，打开线的对话框可发现它的各项属性均已发生变化，如图 1-16 所示。在实际中经常会用方法对象程序来控制各个工位或工件，使得它们按照预期的方式运行。

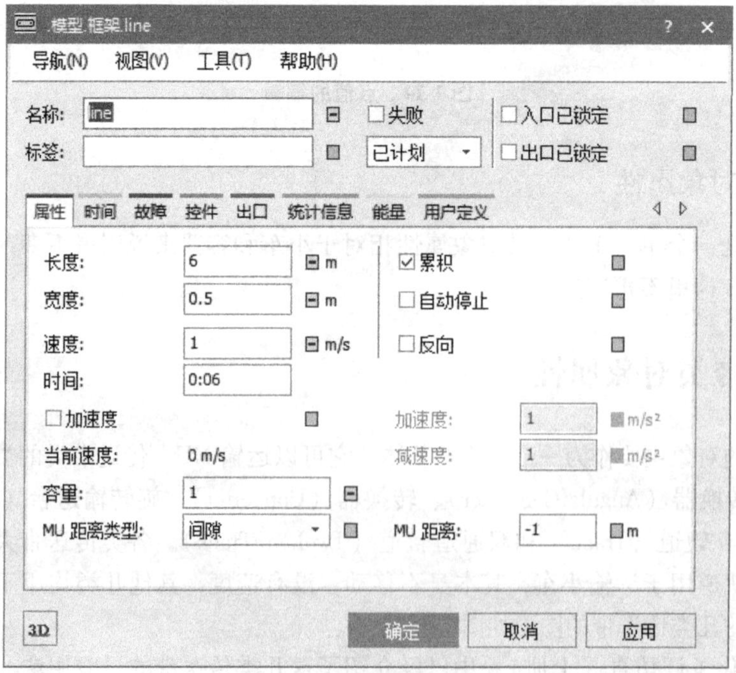

图 1-16　线属性的变化

现实中运输物料的传送带的类型多种多样，在 Plant Simulation 中，支持改变线的状态以模拟实际情况。在 Plant Simulation 中，改变线状态的具体方法为右击模型中的对象图标，然后依次单击选择"编辑 3D 属性"→"外观"→"类型"。在"类型"下拉列表框中有很多供选择的选项，如图 1-17 所示，选定以后可以看到不同的 3D 显示效果。

图 1-17 改变线的状态

1.3.2 角度转换器（AngularConverter）对象属性

角度转换器和线差不多，可以说是线的一个扩展部分，它与线的不同点在于可以改变入口和出口的长度和速度。例如，如果要设置它的入口长度为 3m，出口长度为 2m，入口速度为 0.2m/s，出口速度为 0.5m/s，可以通过以下方法对象程序来实现：

AngularConverter. entrylength：= 3

AngularConverter. exitlength：= 2

AngularConverter. entryspeed：= 0.5

AngularConverter. entryspeed：= 0.5

运行上述方法对象程序后，角度转换器的对话框如图 1-18 所示。

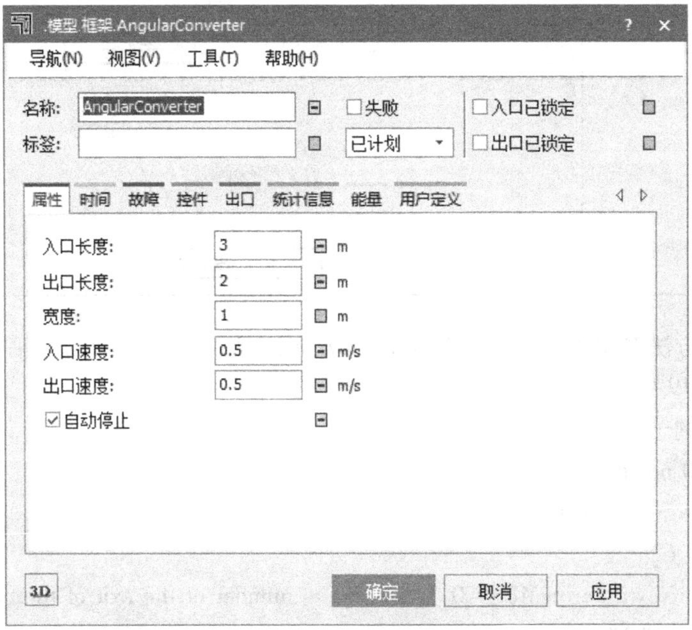

图 1-18 改变角度转换器的属性

1.3.3 转换器（Converter）对象属性

转换器可以改变物体的传输方向，当 MU 进入转换器时，可以选择三个方向的出口，《数字化工厂仿真（上册）》的相关章节中已经标明了各个出口的位置，这里就不再赘述了。

将转换器与它的前趋或后续对象连接时，可以用鼠标单击转换器的左侧、底部、顶部或右侧来确定连接器的对接点。转换器连接的具体操作见表 1-1。

表 1-1　转换器连接的具体操作

连接点位置	模　型
左侧（Left）	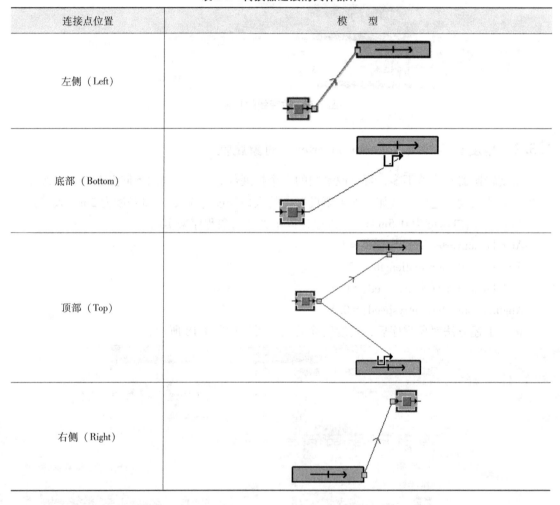
底部（Bottom）	
顶部（Top）	
右侧（Right）	

如果想要用方法对象程序控制 MU 的出口方向，可以在转换器的对话框中把策略改为"方法"，如图 1-19 所示。

下面举一个例子：

```
--SimTalk 2.0 notation
param entranceNo:integer
if @.name="C"
    ?.ExitForNextEnteringMU:=0          /* number of the exit of the converter */
elseif @.name="A"
```

```
if entranceNo = 2
    ?.ExitForNextEnteringMU : = 3
else
    ?.ExitForNextEnteringMU : = 0
end
else
if entranceNo = 2
    ?.ExitForNextEnteringMU : = 1
else
    ?.ExitForNextEnteringMU : = 0
end
end
```

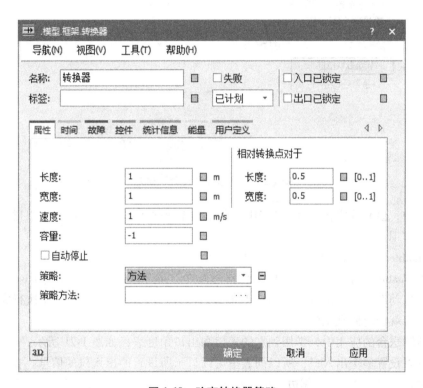

图 1-19　改变转换器策略

这段方法对象程序的作用是：当 MU 的名称（name）为 C 时，它将从转换器的 0 出口出去；当名称为 A 时，如果它的自带属性 entranceNo 值为 2 则走 3 出口，为其他值则走 0 出口；当名称为其他时，如果它的自带属性 entranceNo 值为 2 则走 1 出口，为其他值则走 0 出口。

1.3.4　旋转输送台（Turntable）对象属性

旋转输送台也有转移 MU 的作用，与转换器不同的是，它可以设置多个出口和多个入口，且其 3D 显示状态是可以动的，转换器则是静止的且只有一个入口。旋转输送台本身可以绕一个轴做旋转运动，因此有"转至默认位置"，即回到初始状态的选项，如图 1-20 所示。

图 1-20　"转至默认位置"选项

在实际中，会有让它输送完一个 MU 后不自动转到默认位置的情况，可以通过以下方法对象程序来实现：

MyTurntable. GoToDefaultPosition：= false

其中，MyTurntable 表示旋转输送台的名称；当 GoToDefaultPosition 属性值为 false 时，旋转输送台就不会自动返回默认位置；当 GoToDefaultPosition 属性值为 true 时，在执行完输送任务后旋转输送台就会返回默认位置。

在旋转输送台的应用中，常用到它的入口和出口角度表，如图 1-21 所示。

因为可以设置多个出入口，所以列表里可以显示所设置的出入口的信息。在入口角度表中，可以设置入口的角度，"哪边"的下拉列表框中有"起点""终点""任何"三个选项，具体含义见表 1-2。

表 1-2　入口角度表含义

哪　边	含　义
起点	从输送台的入口进入
终点	从输送台的出口进入
任何	随意进入

图1-21 旋转输送台的入口和出口角度表

在出口角度表中，可以设置出口的角度，"哪边"的下拉列表框中有"起点""终点""任何""MU 保持方向""MU 保持反向"五个选项，具体含义见表1-3。

表1-3 出口角度表含义

哪 边	含 义
起点	从输送台的入口出去
终点	从输送台的出口出去
任何	从两个口任意一个口出去
MU 保持方向	从 MU 进去方向的正向出去
MU 保持反向	从 MU 进去方向的反向出去

1.3.5 转盘（Turnplate）对象属性

转盘与旋转输送台一样，容量只有 1，其与旋转输送台的区别是：旋转输送台通过自身的旋转使 MU 进入下一个传送带或工位，而转盘通过 MU 的旋转使 MU 进入下一个传送带或工位，而且转盘的旋转位置只有中心一个，不能指定旋转中心。

在转盘的对话框中，可以指定 MU 的旋转策略，分别是"角度""MU 特性""MU 名称""方法"，如图1-22所示。

1. 角度

可以指定 MU 的旋转角度，注意角度必须是 90°的整数倍，MU 从转盘出去时，会以入口角度（0°）顺时针旋转设定的角度出去，如图1-23所示。

2. MU 特性

如果以"MU 特性"作为策略，则可以选择属性值的类型，还可以在列表中输入 MU 的属性、属性的值和 MU 旋转的角度，如图1-24所示。

图 1-22　MU 的旋转策略

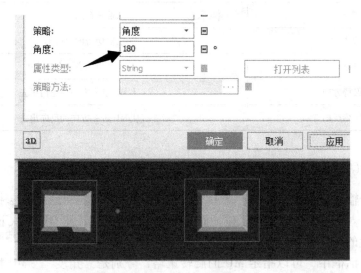

图 1-23　"角度"策略

3. MU 名称

以"MU 名称"为策略时，可以在列表中设置不同的名称对应不同的角度，如图 1-25 所示。

4. 方法

可以用方法对象程序来控制出口策略，一般用于用户自定义的对象或者比较复杂的场合。

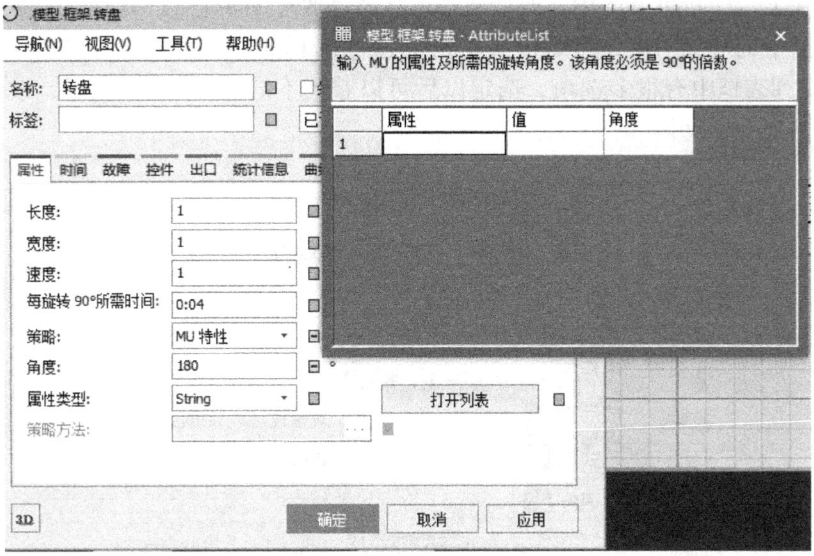

图 1-24 "MU 特性"策略

图 1-25 "MU 名称"策略

1.3.6 轨道（Track）对象属性

轨道是运输小车的载体，在出入口和传感器上可以利用方法对象程序来控制小车的移动与目的地。

现实中轨道的类型多种多样，所以在 Plant Simulation 中，也支持改变轨道的状态以模拟实际情况。在 Plant Simulation 中，改变轨道的状态是通过编辑它的 3D 属性实现的，具体方法为右击模型中的对象图标，然后依次单击选择"编辑 3D 属性"→"外观"→"类型"。在"类型"下拉列表框中有很多选项，选定以后可以看到不同的 3D 显示效果，改变轨道状态的界面如图 1-26 所示。

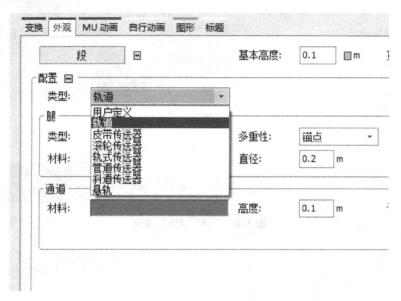

图 1-26　改变轨道状态的界面

1.3.7　双通道轨道（TwoLaneTrack）对象属性

双通道轨道结合了两条单向的轨道，一条的尾端连着另一条的首端，所以它有两个控制系统，同时也可以指定哪侧先通行，双通道轨道的设置如图 1-27 所示。

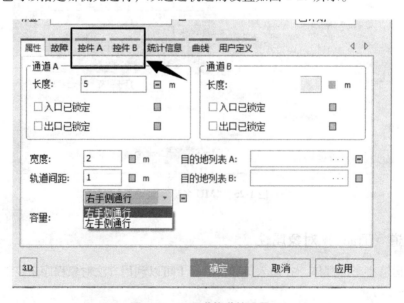

图 1-27　双通道轨道的设置

可以将第一条（A）轨道的尾端和第二条（B）轨道的首端连接起来，这样小车就会自动通向第二条（B）轨道，也可以在两条轨道上单独放置小车，如图 1-28 所示。

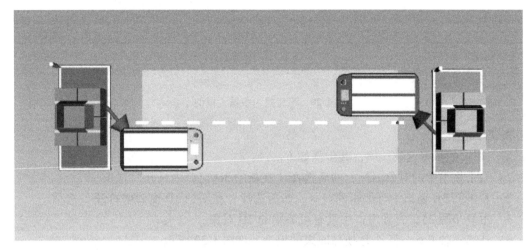

图 1-28　双通道轨道放置小车

1.4　机器人类对象属性

机器人（拾取并放置）对象的作用是把一个工位上的物料搬运到另一个工位，与工人一样可以起到搬运的作用，但是工人可以步行将物料搬运至较远的地方，机器人只能搬运它机械臂所及范围内的东西。

机器人的应用是非常广泛的，应用好机器人十分重要。在 Plant Simulation 中，可以更改它的形态、更改它的运输动作、指定它的目的地。还可以自定义一个机器人，不过自定义机器人是比较复杂的操作，需要积累一定知识和项目经验后才能做到。

1.4.1　更改机器人 3D 形态

实际中用到的机器人与 Plant Simulation 中默认的机器人形态是有差别的，为了得到更好的视觉效果，常常需要去更改机器人的 3D 形态。更改机器人的 3D 形态有两种方法，一种是替换模型文件（交换图形，格式为 s3d），替换的模型文件是原本模型库中有的；另一种是在 3D 窗口导入图形，并把原来的图形删除。若要导入图形，则需要有更换模型的 JT 文件，以便导入 Plant Simulation。JT 文件可以通过 NX 导出。这两种方法的优缺点见表 1-4。

表 1-4　两种方法的优缺点

方　法	优　　点	缺　　点
交换图形	不用逐个替换轴，可实现"一键替换"	模型库模型有限，不能满足实际中的要求
导入图形	可以完全替换成实际中所需机器人的形态	步骤烦琐

1. 交换图形

右击模型中的机器人图标，然后依次选择"交换图形"→"选择对象"选项。在选择对象时要注意，模型库中可以作为机器人使用的 s3d 文件是有限的，一般只有图 1-29 所示的几个。

图 1-29　可替换的机器人模型

2. 导入图形

导入图形的步骤比较烦琐，其步骤如下。

1）右击模型中的对象图标，然后选择"在新的 3D 窗口中打开"选项。

2）右击新 3D 窗口中可编辑的对象，然后选择"在新的 3D 窗口中打开"选项。

3）重复步骤 2），直到窗口中没有可编辑的 3D 对象。

4）从第一轴开始，逐个替换掉原来的模型，如图 1-30 所示。

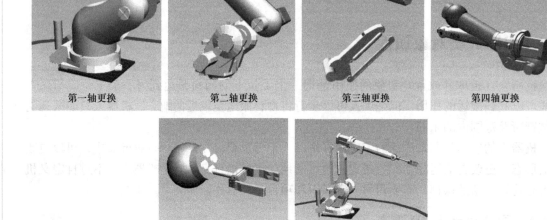

图 1-30　导入图形步骤图

需要注意的是，当导入的轴与原机器人的轴不重合时，需要将原机器人的轴与所更换轴的轴心对齐，如图 1-31 所示。

1.4.2　更改机器人运输动作

工程实际中，机器人的动作是各种各样的，如果不更改它的运输动作，那么它将会按照默认动作运行，这样可能"撞"到模型中的其他物体，为了避免碰撞发生，必须更改机器人动作。

要改变机器人的动作，需要在它的"3D 属性"对话框中设置它的机械臂动画，如图 1-32 所示。

图1-31 机器人替换轴

图1-32 机械臂动画

"机械臂动画"选项卡的初始状态是没有任何内容的，需要使用者自己添加机械臂动画。单击"添加"按钮，然后在"项目"下拉列表框中选择想要的动画路径，如图1-33所示。

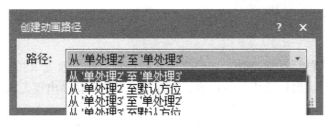

图1-33 创建动画路径

选择动画路径后，单击"显示"按钮，就会出现一个默认的点，如图1-34所示。

可以添加多个点，让机械臂按照给定的点运动，并可在"路径锚点"对话框中编辑点的坐标，修改完成后如图1-35所示。编辑完成后单击"保存"按钮，再运行就会发现机械臂的运动路径已经改变了。

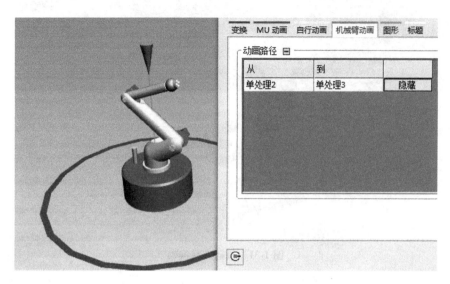

图 1-34　显示点

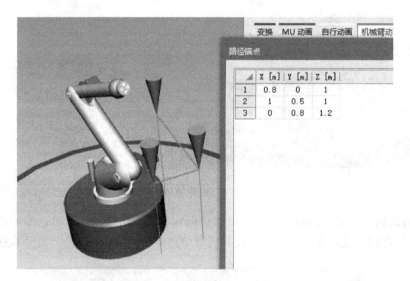

图 1-35　编辑路径锚点

除了改变机器人的运动轨迹外，还要改变它的运动节拍。改变节拍需要从时间表入手。在没有连接工位之前，时间表中没有内容，当连接了工位后就会出现工位的信息，这时就可以编辑从一个工位到另一个工位的时间，如图 1-36 所示。

在时间表中，灰色单元格中的内容是不能更改的，表头有个"满\空"的单元格，横坐标代表"满"，纵坐标代表"空"。属于"满"的那个工位正在下发工作请求，即正在等待加工，属于"空"的那个工位已经加工完成，等待机器人去取。例如，图 1-36 所示情况表示，空的"单处理 2"工位到满的"单处理 3"工位的时间为 4.7710s，也就是"单处理 2"工位已经加工完成，等待机器人取料，"单处理 3"工位在等待加工，机器人从"单处理 2"工位拾取物料到"单处理 3"工位的时间为 4.7710s。

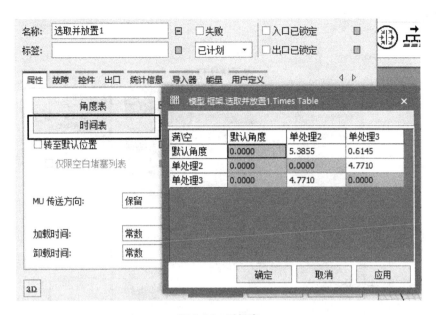

图 1-36　时间表

1.5　图表标识类对象属性

在 Plant Simulation 中，图表类的对象通常用来记录和统计数据，有着非常重要的作用，且类型非常多。下面将会重点介绍常用的几种图表对象，其他的仅做简单介绍。

1.5.1　图表

图表（Chart）位于工具箱的"用户界面"工具条中，主要用来统计各个工位的资源统计信息和占用率。利用图表，可以清晰地看到各个工位的工作时间、等待时间、阻塞时间、故障时间等。

下面介绍图表的使用方法。

1）将想要查看信息的工位拖入图表对象内，就会出现如图 1-37 所示的对话框，选择想要显示的信息。

图 1-37　选择图表的统计信息类型

2）运行模型，右击图表图标并在弹出的菜单中选择"图表显示"选项，弹出的图表如

图 1-38 所示。

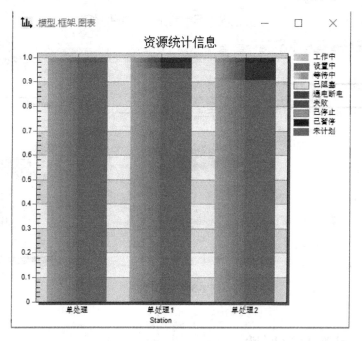

图 1-38　图表

3）如果想要修改图表类型，其对话框的"显示"选项卡中有个"图表类型"下拉列表框，可以在其中选择需要的类型，如图 1-39 所示。

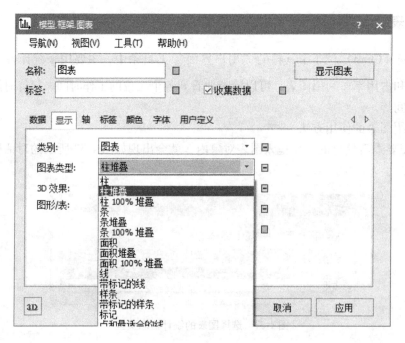

图 1-39　修改图表类型

此外，还可以在"图表"对话框相应的选项卡中设置图表的标签和颜色等，使图表看起来更加美观。

1.5.2 工人图

工人图（WorkerChart）用于显示所有位于单个工人池中的工人的统计信息，使用时只需将工人池对象拖入工人图对象图标中，或者在工人图中输入工人池的名称。

要想使用工人图，有四个因素是必不可少的，分别是工人池、工位、工作区、协调器。首先要在框架中放置一个协调器，接着要在工位附近放置一个或多个工位，然后中工位对话框的"导入器"选项卡中勾选"活动的"选项，将"协调器"选中为放置在框架中的协调器的名称，如图1-40所示。对工人池设置工人的数量，也可以设置工人到工位的方式。设置完成后，运行模型，可以看到当工位上有物料时，工人就会从工人池走过去，右击图表图标并在弹出的菜单中选择"显示图表"选项，弹出的图表如图1-41所示。

图1-40 设置工位

1.5.3 甘特图

甘特图（Gantt Chart）又称为横道图、条状图（Bar Chart），其通过条状图来显示项目进度和其他对象随着时间进展的情况。在 Plant Simulation 中，甘特图用来记录某些 MU 类别或特定站点的甘特数据，通过甘特图可以看出各个工位的运行情况，以此来评估加工顺序的合理性。下面介绍其具体用法。

1）打开"Gantt Wizard"对话框，如图1-42所示。

2）将要观察的工位拖入"要观察的资源"处打开的表格中，将需要观察的 MU 拖入

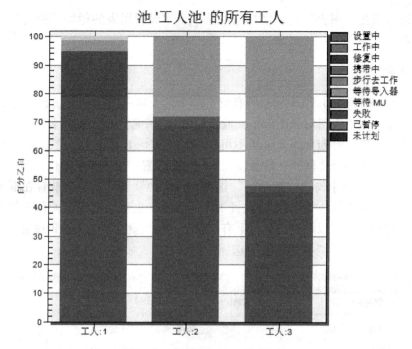

图 1-41 "WorkerChart" 图表

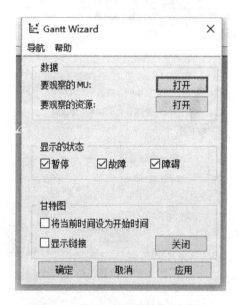

图 1-42 "Gantt Wizard" 对话框

"要观察的 MU" 处打开的表格中，如图 1-43 所示。

3）运行模型，右击 "Gantt Wizard" 图标并在弹出的菜单中选择 "显示图表" 选项，等待一定时间，弹出的图表如图 1-44 所示。

甘特图中的数据条越紧凑，代表工位的利用率越高，如图 1-44 所示，可以看出 "单处理" 工位的利用率最高，其次是 "单处理 1" 工位，利用率最低的为 "单处理 2" 工位，这说明加工的顺序不够合理。

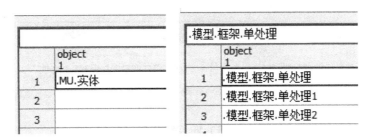

图1-43 添加数据

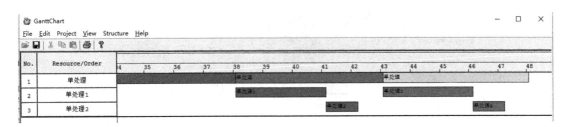

图1-44 "GanttChart"图表（甘特图）

1.5.4 统计类图表

1. ObservedData

对象用于返回定义事件的时间点。例如，对单处理工位添加故障率，如图1-45所示，用"ObservedData"图表记录发生故障的时间点，其对象源代码如图1-46所示，也可以添加一个"observeMTTR"方法对象获取故障的平均时间，如图1-47所示。

图1-45 设置故障平均时间

2. DataFit

DataFit图表对象用于确定某些特定分布的观测数据（样本）的参数的一个随机变量，这样的分布与样品的性能尽可能充分匹配。在对样本数据进行手动缩放和平移后，利用极大

```
-- called by the Failure control of SingleProc
-- open SingleProc, open the menu Tools > Select Controls
if ?.failed  -- start of a failure
    ObservedData[1,ObservedData.yDim + 1] := ?.getDisruptionEndTime - eventController.simTime
end
--返回发生故障的下一个时间点（比较调度事件列表中的中断结束）的时间点。
```

图 1-46　源代码

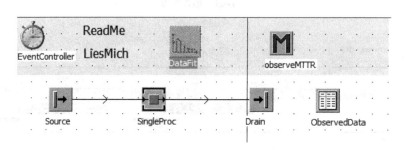

图 1-47　添加"observeMTTR"方法对象

似然法和矩量法计算已知分布的参数。拟合优度检验决定一个给定的拟合水平，即所考虑的分布是否以适当的方式拟合样本数据。

使用时将"ObservedData"对象拖入"DataFit"对象，并对"DataFit"对象设置不同的拟合方式即可，其 Gamma、Normal、Erlang 分布的结果如图 1-48 所示，可以看到只有一种最优的方案，即 Gamma 分布。

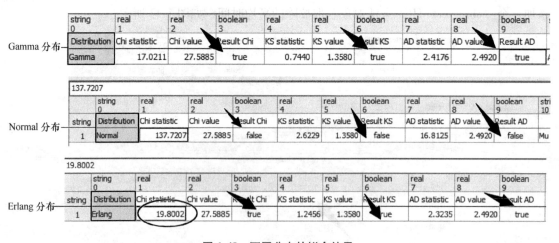

Gamma 分布

string 0	real 1	real 2	boolean 3	real 4	real 5	boolean 6	real 7	real 8	boolean 9
Distribution	Chi statistic	Chi value	Result Chi	KS statistic	KS value	Result KS	AD statistic	AD value	Result AD
Gamma	17.0211	27.5885	true	0.7440	1.3580	true	2.4176	2.4920	true

Normal 分布　137.7207

string	string 0	real 1	real 2	boolean 3	real 4	real 5	boolean 6	real 7	real 8	boolean 9	string 10
	Distribution	Chi statistic	Chi value	Result Chi	KS statistic	KS value	Result KS	AD statistic	AD value	Result AD	
1	Normal	137.7207	27.5885	false	2.6229	1.3580	false	16.8125	2.4920	false	Mu

Erlang 分布　19.8002

string	string 0	real 1	real 2	boolean 3	real 4	real 5	boolean 6	real 7	real 8	boolean 9
	Distribution	Chi statistic	Chi value	Result Chi	KS statistic	KS value	Result KS	AD statistic	AD value	Result AD
1	Erlang	19.8002	27.5885	true	1.2456	1.3580	true	2.3235	2.4920	true

图 1-48　不同分布的拟合结果

3. RollDice

对象用于通过设置分布类型，生成随机数组成的文件，其对话框如图 1-49 所示。

分布类型：Erlang 分布是具有相同参数 β 的 k 个独立指数分布随机数之和，结果是非负实数。

Parameter 'Mu'：即参数 μ（Mu），指定该分布的平均值。

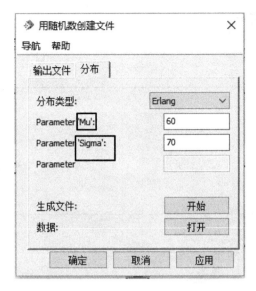

图 1-49 "用随机数创建文件"对话框

Parameter 'Sigma': 即参数 $\sigma(\text{Sigma})$，指定分布的标准偏差。

4. Independence

对象用来检验两个属性之间是否有关系，需要提供两组独立数据。

使用时，需要首先定义一个实验分析器（ExperimentManager），定义两个输出值，可以不使用输入值，实验完成后将"ExperimentManager"对象拖入"Independence"对象，然后单击"开始计算"按钮，或者拖入有两组数据的表格，最后查看结果。

创建的模型示例如图 1-50 所示。

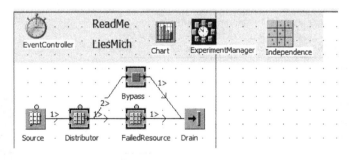

图 1-50 创建的模型示例

定义的输出值如图 1-51 所示。

root.FailedResource.statFailTime

	输出值	描述
1	root.FailedResource.statFailTime	Failure time
2	root.Bypass.statWorkingPortion	Working portion

图 1-51 定义的输出值

实验结果如图 1-52 所示。

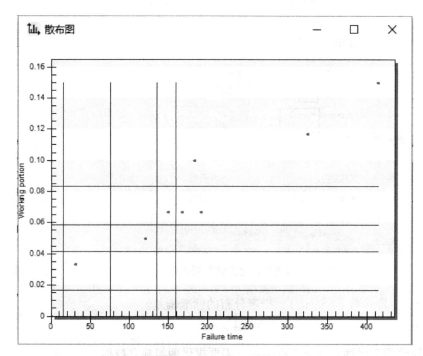

图 1-52　实验结果　　　　　　　　（扫描二维码查看彩图）

当观察到的交叉频率（蓝色）与类的频率（黑色）产生的期望频率大致相等时，即可认为关于独立性的假设是正确的，如图 1-53 所示。

10						
	string 0	integer 1	integer 2	integer 3	integer 4	integer 5	integer 6
string	X =>	< 15...	< 75...	< 13...	< 15...	< 17...	*Y
1	< 0.02	4					4
2	< 0.04		1				1
3	< 0.06			1			1
4	< 0.08	1			1	1	3
5	< 0.11	1					1
6	X *	6	1	1	1	1	10

图 1-53　频率结果　　　　　　　　（扫描二维码查看彩图）

5. ANOVA

 对象用于进行单向方差分析，检验关于样本平均值的假设。使用时，需要首先有一组数据供检测。创建模型，如图 1-54 所示。

以 MeanWaitingTime（工件在 Buffer 上的总占用时间）为输出值，以 Machine 的故障情

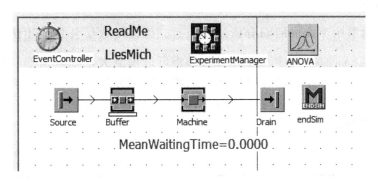

图 1-54 模型示例

况（设为 90 和 95 两个实验值）为输入值，实验完成后将"ExperimentManager"对象拖入"ANOVA"对象，开始计算，如提示"已接受"，则可以查看结果，结果图表如图 1-55 所示。

	string 0	integer 1	real 2	real 3	real 4	real 5	boolean 6
string		自由度	平方和	均方	F 统计	F 值	假设
1	组间	1	3174.66	3174.66	0.18	5.33	true
2	组内	8	142017.33	17752.17			
3	总计	9	145191.99				

图 1-55 结果图表

可以看到假设是成立的，可以看到两者都在一个置信区间内，如图 1-56 所示。

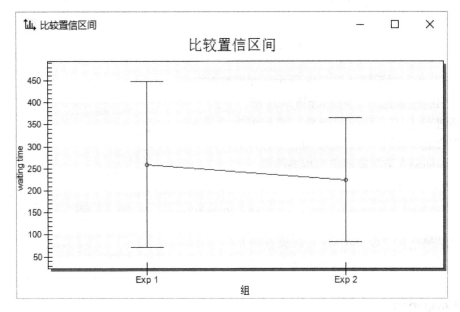

图 1-56 置信区间

6. Regression

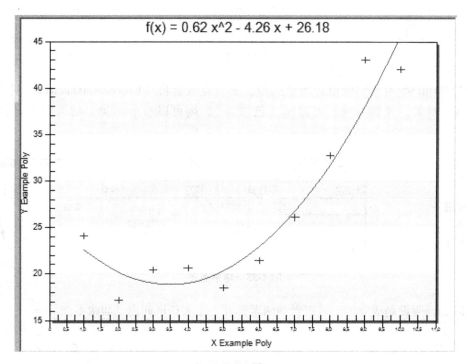

对象用于执行回归分析。使用时，可以用数学公式描述仿真模型中输入值和单个输出值之间的相关性。执行回归分析可以预测大量输入值的参数组合的输出值。如果想研究某个输入值将得到什么输出值，则应先从几个已知的输入值和输出值开始回归分析。回归分析对象可以执行线性、多项式或多元回归分析。多项式回归分析示例如图 1-57 所示。

$$f(x) = 0.62\ x^2 - 4.26\ x + 26.18$$

图 1-57　多项式回归分析示例

"回归分析"对话框如图 1-58 所示。在模型中将数据表格或实验结果拖入"回归分析"对象，单击"开始"按钮进行上述三种回归分析，然后单击"显示"按钮，则会显示结果，也会显示图表信息，点离回归曲线越近，说明输入值与输出值的相关性越大。

7. Confidence

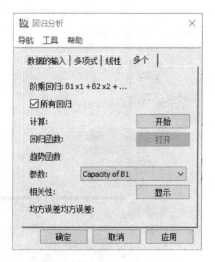

对象用于计算置信区间。使用时，将表格数据或实验结果拖入"Confidence"对象直接开始计算置信区间，也可以显示直方图。结果表格和频率图示例如图 1-59 和图 1-60 所示。

8. Comparison

对象用于进行分布比较。如果 DataFit 对象

图 1-58　"回归分析"对话框

		统计值	置信区间
1	平均值	8:08.2783	
2	标准差	3:45.3435	
3	独立样本置信区间的半宽度	37.4241	[7:30.8542 , 8:45.7024]
4	自相关样本置信区间的半宽度	33.4656	[7:34.8127 , 8:41.7439]

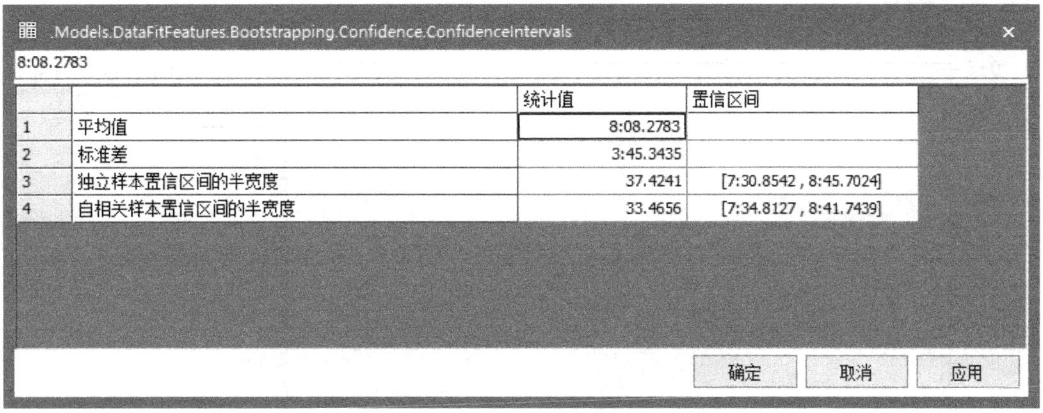

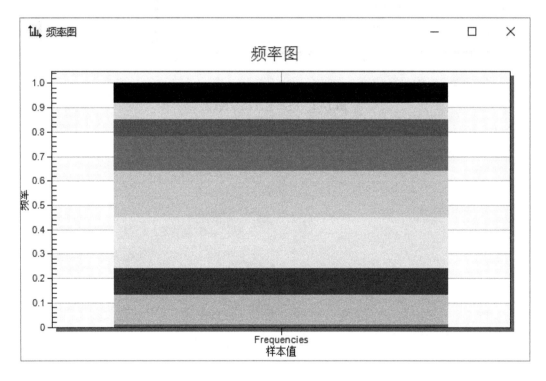

图 1-59　结果表格示例

图 1-60　频率图示例

的拟合优度检验接受了若干分布的假设，即给定样本的属性可以由参数化分布充分表示，则必须选择一个用于建模的分布。DataFit 对象提供的直方图粗略显示了高频率和低频率的范围。为了更好地比较参数化分布结果，可以使用概率密度函数曲线来观察，如图 1-61 所示。

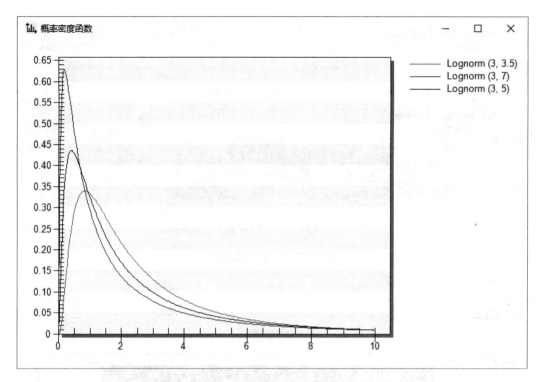

图 1-61　概率密度函数曲线

第 2 章

分 析 工 具

Plant Simulation 提供许多专门对生产和物流系统仿真模型的性能和仿真结果进行评价的内嵌工具。使用专门的图形分析工具，用户可以快速进行图形、图表化的仿真模型的数值跟踪和显示，包括自动的瓶颈分析器、实验分析器、能耗分析仪等。

Plant Simulation 在支持系统仿真的同时，通过内嵌的优化算法——遗传算法（GeneticAlgorithms，GA）对系统的关键参数进行优化运算。优化算法能够帮助用户寻找典型的非解析求解问题的最优值，如用于旅行商问题（Traveling Salesman Problem，TSP）等非确定性多项式难题。

2.1 瓶颈分析器

瓶颈分析器（BottleneckAnalyzer）就是将各个工位的资源统计信息从数字形式转化为图表形式展现出来，从而使操作者能更加直观地看到各个工位的统计信息，所以一般在模型仿真运行结束后再进行转化分析。"瓶颈分析器"对话框如图 2-1 所示。

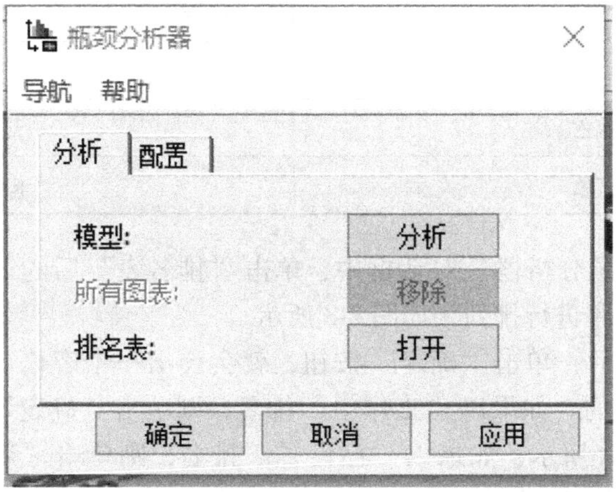

图 2-1 "瓶颈分析器"对话框

1. "分析"选项卡

运行模型后，单击"分析"按钮，各个工件上就会显示统计信息，如图 2-2 所示，如果想移除工件上的可视化的统计信息，可以单击"移除"按钮。

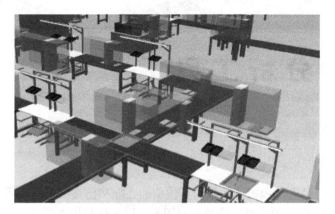

图 2-2　可视化分析结果

（扫描二维码查看彩图）

图 2-2 所示 3D 模型图中的柱状图即为工位的瓶颈分析可视化结果，各颜色所代表的含义见表 2-1。

表 2-1　柱状图各颜色的含义

颜　　色	含　　义
绿色	正在工作
棕色	设置中
灰色	等待中
黄色	已阻塞
紫色	通电断电
红色	失败
粉红色	已停止
深蓝色	已暂停
浅蓝色	未计划

在图 2-1 所示"瓶颈分析器"对话框中，单击"排名表"后的"打开"按钮即可设置以哪种组合为优先级顺序进行排列，如图 2-3 所示。

选择一种排列方式后，单击"确定"按钮，就会弹出一个表格，表格中的排列顺序是按照设置的优先级排列的。如果以"工作中"排名，则单击"确定"按钮后，表格会按照工作时间排序，如图 2-4 所示；如果以"已设置"排名，则单击"确定"按钮后，表格会按照设置时间排序，如图 2-5 所示。

2. "配置"选项卡

在"配置"选项卡中，可以设置已查看资源的类型和显示图表的方式，如图 2-6 所示。

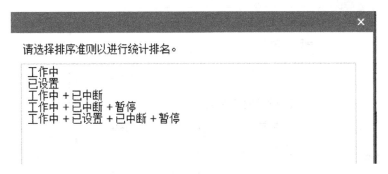

请选择排序准则以进行统计排名。

工作中
已设置
工作中 + 已中断
工作中 + 已中断 + 暂停
工作中 + 已设置 + 已中断 + 暂停

图 2-3 排序方式

已按照工作时间排序

root.Line1

string	object 1 资源	real 2 工作中	real 3 已设置	real 4 等待中	real 5 已阻挡
1	root.Line1	100.00	0.00	0.00	0.00
2	root.Line11	100.00	0.00	0.00	0.00
3	root.Line12	100.00	0.00	0.00	0.00
4	root.Line13	100.00	0.00	0.00	0.00
5	root.Line14	100.00	0.00	0.00	0.00
6	root.Line15	100.00	0.00	0.00	0.00
7	root.Line16	100.00	0.00	0.00	0.00

图 2-4 按照工作时间排序

已按照设置时间排序

root.Machine114

string	object 1 资源	real 2 工作中	real 3 已设置	real 4 等待中	real 5 已阻挡
1	root.Machine114	8.28	2.33	89.39	0.00
2	root.Machine110	8.59	2.22	89.19	0.00
3	root.Machine11011	9.55	2.20	86.59	0.00
4	root.Machine116	9.50	2.19	88.31	0.00
5	root.Machine111	9.51	2.16	88.32	0.00
6	root.Machine181	10.10	2.04	87.85	0.00
7	root.Machine11111	11.67	1.96	86.37	0.00

图 2-5 按照设置时间排序

"显示"下拉列表框中有三个选项，分别是"仅条""加刻度""加背景"，各选项的

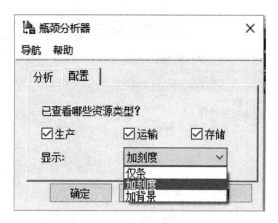

图 2-6 "配置"选项卡

显示效果不同，且此效果仅在 2D 界面中显示，3D 界面中没有明显的变化，各个选项的不同显示效果见表 2-2。

表 2-2 各个选项的不同显示效果

选　项	效　果　图
仅条	
加刻度	
加背景	

模型运行结束后，查看各个工位的统计信息，如果某个工位上的瓶颈分析柱状图的黄色柱所占比例较大，则说明它的下一个工位为瓶颈工位。

2.2 实验分析器

实验分析器（ExperimentManager）主要用来定义实验和生成报告，通过实验分析器，可以知道一个或多个输入值对输出值的影响，然后从实验报告中选择最佳的方案以达到生产要求。下面举一个工程应用实例来说明实验分析器在仿真过程中的重要性。

1. 实例条件

某自动化生产线基于两班制，每天工作时间为 16h，全年按 250 个工作日计，设备开动率为 88%，综合良品率为 96%，年产 6 万台。生产线需满足：

1）有效 JPH（每小时生产能力）≥18 台。

2）提供最优数量的 AGV，上限为 3 辆。

分析：要求有效 JPH≥18 台，因每天工作时间为 16h，故每天的最低产量为 288 台。由于为自动化生产线，因此生产过程中的物料搬运由 AGV 完成，而不同的 AGV 数量必定会对产量造成影响，所以需要评估出最优的 AGV 数量，这时就需要用实验分析器来分析出不同的 AGV 数量对产量的影响。

2. 实现方法和步骤

1）首先将实验分析器添加到需要分析的框架内，在"实验范围"对话框中勾选"使用输入值"选项，如图 2-7 所示。

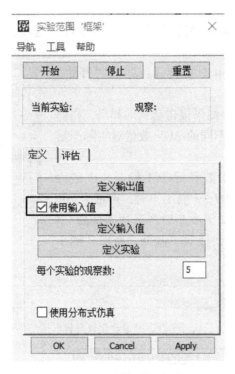

图 2-7 "实验范围"对话框

2）单击"定义输入值"按钮，将控制 AGV 小车数量的全局变量"AGV1"拖入表中，如图 2-8 所示。

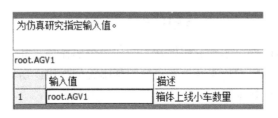

图 2-8 定义输入值

3）单击"定义输出值"按钮，将关联产量的全局变量"out"拖入表中，如图 2-9 所示。

为仿真研究指定输出值。

root.out

	输出值	描述
1	root.out	16小时产量

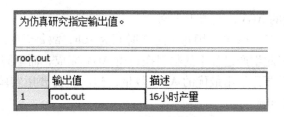

图 2-9　定义输出值

4）将“每个实验的观察数”改为“5”。观察数越多得出的结果越准确，但太多的观察数也会增加计算机的负担。

5）单击展开“工具”菜单并选择“多级实验设计”选项，在表中输入图 2-10 所示的数据。

6）先复位模型，然后单击实验分析器的“开始”按钮，开始实验。

7）等待实验结束，实验结果报告会自动弹出，在弹出的实验报告中，可以看到不同的 AGV 数量对实际产量的影响，如图 2-11 所示。

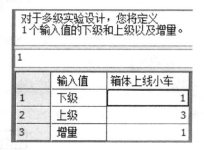

如图 2-11 所示，当小车数量等于 1 辆时，产量为 177；2 辆小车时，产量为 309；3 辆小车时，产量为 76。说明 1 辆小车时产量最低，2 辆小车时产量达到最高，3 辆小车时，会出现避让问题而使效率降低，所以 2 辆小车最合适且满足生产要求。

对于多级实验设计，您将定义
1 个输入值的下级和上级以及增量。

1

	输入值	箱体上线小车
1	下级	1
2	上级	3
3	增量	1

图 2-10　多级实验设计

概述

概述所有已执行实验、其参数化以及目标值的平均值。

	箱盖上线小车数量分析	16小时产量
Exp 1	1	177
Exp 2	2	309
Exp 3	3	76

仿真工作: 3 实验 与 15 仿真轮次
没有特殊图表

图 2-11　实验结果报告

通过这一实例，可以看出实验分析器在工程应用中的作用是非常大的，它使用简单，分析出的实验报告准确，对现实物流的布置设计起到很大的作用，所以合理地使用这一工具往往可以在设计阶段就实现效率优化和验证。

2.3　能耗分析仪

能耗分析仪（EnergyAnalyzer）的作用是分析工位的能量损耗情况，可以根据现实中生产线的实际功耗分析出在工作一定时间后工位所消耗的能量值，起到一定的预估作用。

1. 能耗分析仪功能

1）在工位对象的能量开关是打开的情况下，能耗分析仪将收集其能源消耗数据。

2）将收集的能源消耗数据以表格或其他可视化效果显示出来。

3）对显示效果等进行设置。

2. "能耗分析仪"对话框

要想使用能耗分析仪，则必须存在工位，且工位上的能量开关已打开，即工位对话框"能量"选项卡的"活动的"选项被勾选，如图 2-12 所示。可以根据实际情况，输入工位的工作功率等。

图 2-12　能量开关

打开工位对象的能量开关后，在"能耗分析仪"对话框"对象"选项卡中单击"全部添加"按钮，就可使打开能量开关的工位显示在列表中，如图 2-13 所示。注意，如果没有打开工位的能量开关，则添加不了该工位对象。

运行模型，在能耗分析仪的图标上就会显示这几个对象所消耗的功率。右击能耗分析仪图标，并在弹出的菜单中选择"显示图表"选项，则会弹出"使用概要表"对话框并显示能耗的具体情况，如图 2-14所示。

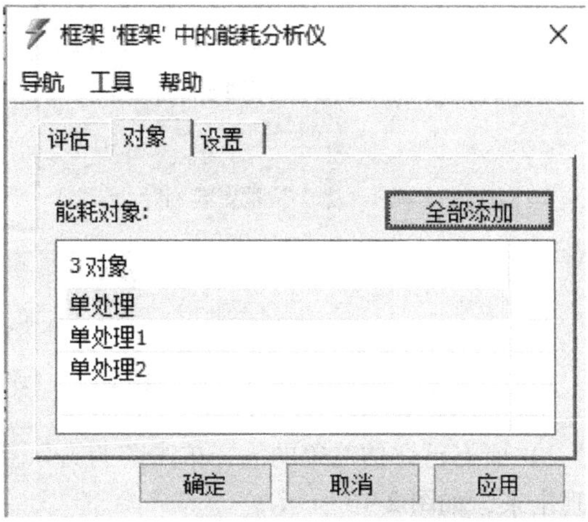

"能耗分析仪"对话框的"评估"选

图 2-13　添加对象

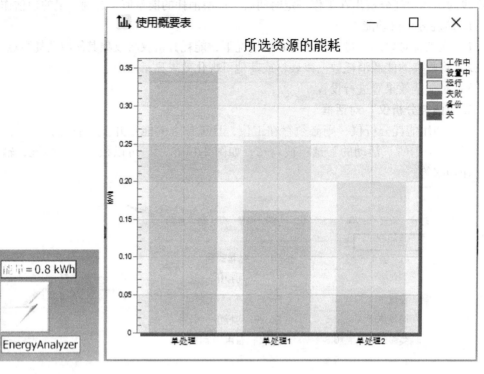

图 2-14 能耗显示

项卡如图 2-15 所示，其功能具体如下。

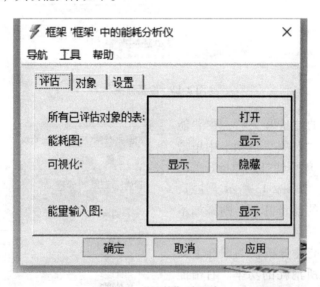

图 2-15 "评估"选项卡

1）所有已评估对象的表：单击"打开"按钮后，评估对象的能耗情况会以表格的形式展现出来，如图 2-16 所示。

2）能耗图：单击"显示"按钮，就会出现如图 2-14 所示的图表，以图表的形式将评估

string 0		real 1	real 2	real 3	real 4	real 5	real 6	real 7	real 8	real 9
string	能耗对象	能量 [kWh]	运行能量 [kWh]	当前能量输入 [kW]	工作中	设置中	运行	失败	备份	关
1	单处理	0.35	0.00	1.00	0.35	0.00	0.00	0.00	0.00	0.00
2	单处理1	0.25	0.09	1.00	0.16	0.00	0.09	0.00	0.00	0.00
3	单处理2	0.20	0.15	0.50	0.05	0.00	0.15	0.00	0.00	0.00

图 2-16 评估对象的能耗情况表格

对象的能耗情况展现出来。

3）可视化：单击"显示"按钮，在 3D 界面中工位的上方就会显示柱状图，2D 界面中则会显示一个圈，如图 2-17 所示。想要隐藏这种可视化效果，则单击"隐藏"按钮即可。

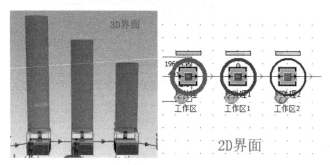

图 2-17 显示可视化效果

4）能量输入图：单击"显示"按钮，弹出的图表如图 2-18 所示，默认使用"绘图仪"+"线"的模式显示。随着运行时间的变化，图表也会跟着变化。

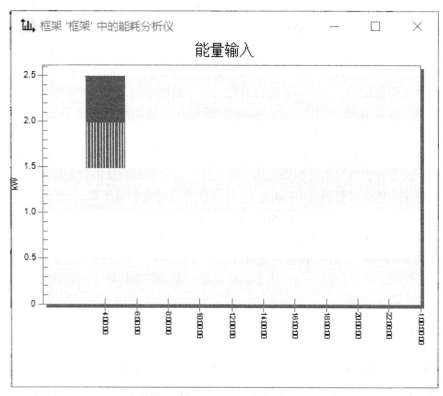

图 2-18 能量输入图

双击图表可以更改它的显示样式，如图 2-19 所示。

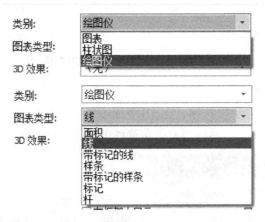

图 2-19　更改图表的显示样式

2. 4　遗传算法

遗传算法（Genetic Algorithm，GA）是仿真达尔文生物进化论的自然选择和遗传学机理的生物进化过程的计算模型，是一种通过仿真自然进化过程搜索最优解的方法。遗传算法从问题潜在解集的一个种群（population）开始，而一个种群则由经过基因（gene）编码的一定数目的个体（individual）组成。每个个体实际上是染色体（chromosome）带有特征的实体。染色体作为遗传物质的主要载体，即多个基因的集合，其内部表现（即基因型）是某种基因组合，它决定了个体的外部表现，如黑头发的特征是由染色体中控制这一特征的某种基因组合决定的。因此，在一开始需要实现从表现型到基因型的映射，即编码工作。由于仿照基因编码的工作很复杂，往往需要进行简化，如二进制编码，初代种群产生之后，按照适者生存和优胜劣汰的原理，逐代（generation）演化产生越来越好的近似解，在每一代中，根据问题域中个体的适应度（fitness）大小选择（selection）个体，并借助于自然遗传学的遗传算子（genetic operators）进行组合交叉（crossover）和变异（mutation），产生代表新的解集的种群。这个过程将导致种群像自然进化一样，后生代种群比前代更加适应于环境，末代种群中的最优个体经过解码（decoding），可以作为问题近似最优解。

对于使用遗传算法，Plant Simulation 提供了五个基本对象。这五个基本对象分别是：GA 优化（GAOptimization）、GA 选择（GASelection）、GA 序列（GASequence）、GA 范围分配（GARangeAllocation）和 GA 设置分配（GASetAllocation）。使用时，需要有一个控制对象在模型中执行优化，优化问题可以由四个表格对象来定义。遗传算法向导（GAwizard）通过应用遗传算法来提供支持。

2. 4. 1　GA 优化

GA 优化（GAOptimization）算法对象可以编写控件来定义优化问题的基本任务。在优化运行过程中，GA 优化算法管理不同世代的个体，个体对应于正在分析的优化问题给出解决方案建议。下面以一个 GA 优化实例来介绍其用法和效果。

有 20 个工件需要经过一个工位加工，加工的设置时间从 1s 到 20s 不等，工位的设置时间形式为矩阵，这样不同的排列就会有不同的设置时间，最后通过 GA 优化算法对象来使总的时间达到最小。

1）建立模型，如图 2-20 所示。

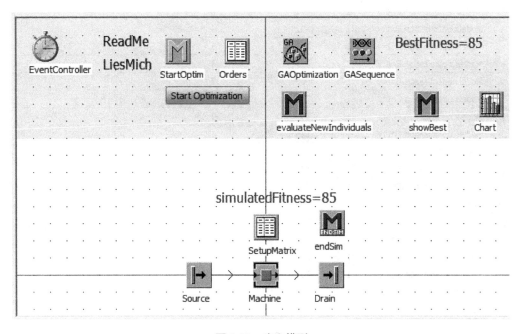

图 2-20　建立模型

2）双击"Source"（源）图标打开其对话框，将"MU 选择"选为"序列"，将下面的"表"选择为"Orders"，如图 2-21 所示。

图 2-21　改变产生 MU 的方式

3）双击"Orders"图标打开表文件，激活列索引，在表格中输入数据，如图 2-22 所示。

	object 1	integer 2	string 3	table 4	integer 5	integer 6
string	MU	Number	Name	Attributes	Original sequence	Investigated sequence
1	.Models.optimization.Entity	1	T07		1	
2	.Models.optimization.Entity	1	T20		2	
3	.Models.optimization.Entity	1	T11		3	
4	.Models.optimization.Entity	1	T12		4	
5	.Models.optimization.Entity	1	T08		5	
6	.Models.optimization.Entity	1	T17		6	
7	.Models.optimization.Entity	1	T02		7	
8	.Models.optimization.Entity	1	T18		8	
9	.Models.optimization.Entity	1	T13		9	
10	.Models.optimization.Entity	1	T16		10	
11	.Models.optimization.Entity	1	T10		11	
12	.Models.optimization.Entity	1	T03		12	
13	.Models.optimization.Entity	1	T15		13	
14	.Models.optimization.Entity	1	T04		14	
15	.Models.optimization.Entity	1	T01		15	
16	.Models.optimization.Entity	1	T05		16	
17	.Models.optimization.Entity	1	T09		17	
18	.Models.optimization.Entity	1	T06		18	
19	.Models.optimization.Entity	1	T19		19	
20	.Models.optimization.Entity	1	T14		20	

图 2-22　输入数据

4）双击"Machine"图标打开其对话框，将"设置时间"的类型改为"矩阵"，选中"SetupMatrix"表文件，如图 2-23 所示。

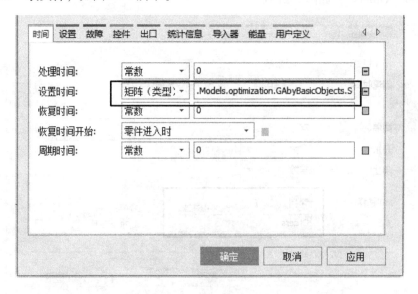

图 2-23　改变"设置时间"

5）双击"SetupMatrix"图标打开表文件，激活列索引和行索引，将表文件的数据类型改为 integer，然后新建一个"PrepareProblem"全局变量，将其类型设置为 method（方法），在方法对象中输入如下 SimTalk 源代码。

```
var j,k,numTypes:integer;var s:string;var objBE:object;var timeUnit:time
numTypes:=10
timeUnit:=60
SetupMatrix.maxXDim:=-1;SetupMatrix.maxYDim:=-1
SetupMatrix.delete({0,0}..{*,*})
Delivery.delete
objBE:=.Models.Optimization.Entity
SetupMatrix.maxXDim:=numTypes;SetupMatrix.maxYDim:=numTypes+1
SetupMatrix[0,numTypes+1]:="-"
for j:=1 to numTypes
    s:=to_str("T",j)
    SetupMatrix[0,j]:=s
    SetupMatrix[j,0]:=s
    for k:=1 to numTypes
        if j>k
            SetupMatrix[j,k]:=timeUnit*abs(j-k)
        else
            SetupMatrix[j,k]:=0
        end
        SetupMatrix[j,k]:=timeUnit*abs(j-k)
    next
    SetupMatrix[j,numTypes+1]:=timeUnit*j
    Delivery.writeRow(1,j,0,objBE,1,s)
next
print numTypes,"orders generated."
```

如上源代码是建立矩阵类型表文件的示例写法，本例其余表文件写法与此类似。

6）模仿第 5）步的源代码，创建一个方法对象，运行后得到如图 2-24 所示的表格。其横坐标为 T03、纵坐标为 T06 的数据为 3，表示加工完工件 T06 到加工下一个工件 T03 所需要的准备时间为 3s，以此类推。

7）在"StartOptim"方法对象中输入如下源代码。

```
BestFitness:=-1              --全局变量，应用于终端设置
Gaoptimization.reset
Gaoptimization.evolve
```

如上 SimTalk 源代码的作用是触发 GA 优化中的评估控件。

8）双击"Start Optimization"按钮图标打开其对话框，在"控件"中选择"StartOptim"这个方法对象，如图 2-25 所示，之后单击"Start Optimization"按钮即可执行优化。

	string0	integer1	integer2	integer3	integer4	integer5	integer6	integer7	integer8	integer9	integer10	integer11	integer12	integer13	integer14	integer15	i
string		T01	T02	T03	T04	T05	T06	T07	T08	T09	T10	T11	T12	T13	T14	T15	T
1	T01		1	2	3	4	5	6	7	8	9	10	11	12	13	14	
2	T02	1		1	2	3	4	5	6	7	8	9	10	11	12	13	
3	T03	2	1		1	2	3	4	5	6	7	8	9	10	11	12	
4	T04	3	2	1		1	2	3	4	5	6	7	8	9	10	11	
5	T05	4	3	2	1		1	2	3	4	5	6	7	8	9	10	
6	T06	5	4	3	2	1		1	2	3	4	5	6	7	8	9	
7	T07	6	5	4	3	2	1		1	2	3	4	5	6	7	8	
8	T08	7	6	5	4	3	2	1		1	2	3	4	5	6	7	
9	T09	8	7	6	5	4	3	2	1		1	2	3	4	5	6	
10	T10	9	8	7	6	5	4	3	2	1		1	2	3	4	5	
11	T11	10	9	8	7	6	5	4	3	2	1		1	2	3	4	
12	T12	11	10	9	8	7	6	5	4	3	2	1		1	2	3	
13	T13	12	11	10	9	8	7	6	5	4	3	2	1		1	2	
14	T14	13	12	11	10	9	8	7	6	5	4	3	2	1		1	

图 2-24　矩阵类型的表格

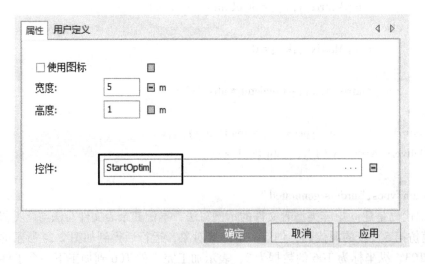

图 2-25　选择控件

9）双击"GAOptimizatio"图标打开其对话框，在"设置"选项卡中将"世代级别"设置为"50"，"世代数"设置为"8"，单击"任务"按钮，在表格中输入"GASequence"，如图 2-26 所示。

10）在"目标"选项卡中，将"方向"选择为"最小"，如图 2-27 所示。

11）"选择"选项卡中的参数无需更改。在"控件"选项卡中，将"评估"选择为"evaluateNewIndividuals"，将"终止"选择为"showBest"，如图 2-28 所示。

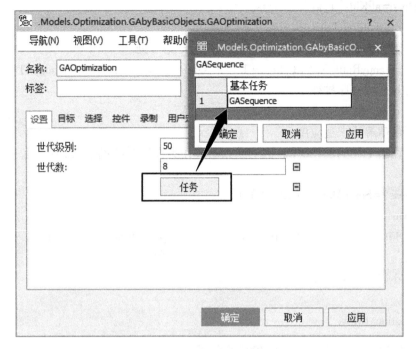

图 2-26 设置世代和任务

图 2-27 选择进化方向

12）双击"GASequence"图标打开其对话框，在"属性"选项卡中进行设置，如图 2-29 所示。

13）在"遗传操作符"选项卡中，选择"交叉"类型为"OX"，并进行数值设置，如图 2-30 所示。

14）在"evaluateNewIndividuals"这个方法对象中输入如下 SimTalk 源代码。

```
param allKids:table
var Fitness:real
var Chrom,Indiv:table
for var j:=1 to allkids. yDim
    Orders. sort("Original sequence","up")
```

```
        Indiv：= allKids[1,j]
        Chrom：= Indiv[1,1]
        --复制 Chrom 表的第 1 列的内容到"Orders"第 6 列
        Chrom. copyRangeTo({1,1}..{1,*},Orders,"Investigated sequence",1)
        --第 6 列按升序排列
        Orders. sort("Investigated sequence","up")
        --用数值解法求适应度
        --计算出工位的设置时间（因为是以矩阵作为设置时间的形式，所以第一个数据要单
独输入）
        Fitness：= SetupMatrix[Orders[3,1],"-"]
        for var c：= 2 to Orders. yDim
            Fitness：= Fitness + SetupMatrix[Orders[3,c],Orders[3,c-1]]
        next
        allKids[2,j]：= Fitness
    next
Gaoptimization. evolve
```

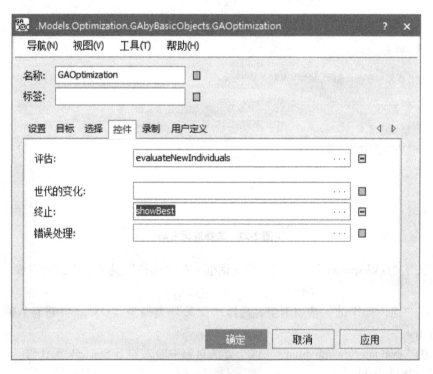

图 2-28　选择控件

　　如上源代码为 GA 优化的评估控件代码，执行后可以得到各种不同矩阵的组合所产生的总时间并记录起来。

　　15）在"showBest"方法对象中，输入如下 SimTalk 源代码：

```
        param tab:table
        Orders. sort("Original sequence","up")
        var chrom:table:=tab[5,1][1,1][1,1]
        Chrom. copyRangeTo({1,1}..{1,*},Orders,"Investigated sequence",1)
        Orders. sort("Investigated sequence","up")
        BestFitness:=tab[5,1][2,1] -- global variable
        Chart. active:=false -- Performance graph
        Chart. dataTab. delete({1,0}..{*,*})
        Chart. dataTab:=tab[6,1]
Chart. active:=true
```

图 2-29 更改属性

图 2-30 选择操作符

如上源代码的作用是将时间数据与表格关联起来，一旦运行起来，表文件的数据就会与时间数据同步，从而让数据以图表的形式显示出来。

16）双击"Chart"图标打开其对话框，在"用户定义"选项卡中，新建一个名为"dataTab"的属性，将其类型改为"table"，打开它，激活其列索引，更改格式并输入内容，如图 2-31 所示。

在"数据"选项卡中，进行"数据源"等设置，如图 2-32 所示。

17）双击"endSim"方法对象图标，输入如下 SimTalk 源代码。

string	integer 1	real 2	real 3	real 4
	Generation	Best Fitness	Average Fitness	Worst Fitness

图 2-31 输入表头

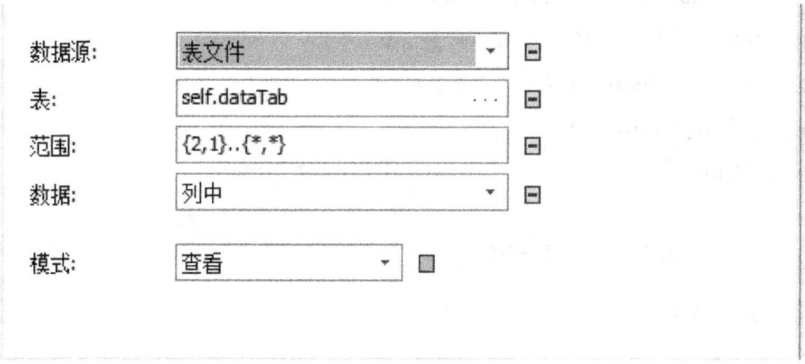

数据源：	表文件	▼	⊟
表：	self.dataTab	...	⊟
范围：	{2,1}..{*,*}		⊟
数据：	列中	▼	⊟
模式：	查看	▼	☐

图 2-32 更改数据设置

simulatedFitness：= eventcontroller. simTime

至此，所有的准备工作均已完成，按照初始排列运行模型，得到总的运行时间为 150s，如图 2-33 所示。

图 2-33 优化前的运行时间

此时，单击"Start Optimization"按钮，待运行一段时间，打开"Orders"表文件，则可发现排列顺序已经发生变化，如图 2-34 所示。

此时，再运行模型，发现运行的总时间为 85s，如图 2-35 所示，比优化前的总时间少了 65s，证明了优化的效果。

	object 1	integer 2	string 3	table 4	integer 5	integer 6
string	MU	Number	Name	Attributes	Original sequence	Investigated sequence
1	.Models.optimization.Entity	1	T01		15	1
2	.Models.optimization.Entity	1	T05		16	2
3	.Models.optimization.Entity	1	T02		7	3
4	.Models.optimization.Entity	1	T06		18	4
5	.Models.optimization.Entity	1	T04		14	5
6	.Models.optimization.Entity	1	T11		3	6
7	.Models.optimization.Entity	1	T19		19	7
8	.Models.optimization.Entity	1	T09		17	8
9	.Models.optimization.Entity	1	T18		8	9
10	.Models.optimization.Entity	1	T16		10	10
11	.Models.optimization.Entity	1	T15		13	11
12	.Models.optimization.Entity	1	T13		9	12
13	.Models.optimization.Entity	1	T12		4	13

图 2-34　优化后排列顺序

图 2-35　优化后的运行时间

2.4.2　GA 选择

GA 选择（GASelection）算法对象用于优化从定义集中选择定义数量的项目，以进行优化求解。因此，解决方案集总是小于定义集。定义集中的每个项目只能在解决方案集中出现一次。"GA_选择"对话框如图 2-36 所示。

1）"内容"选项卡的功能如下。

定义集：定义变量序列。有多少个工件就有多少行，并且从 1 开始依次定义，填在各行的第一列。

图 2-36 "GA_选择"对话框

初始集：变量集的初始解。某些复杂排序问题往往需要设定一个初始解（初始种群）。一般情况下，只需要在第 1 列（定义集）定义机器序列码。

2)"属性"选项卡如图 2-37 所示，功能如下。

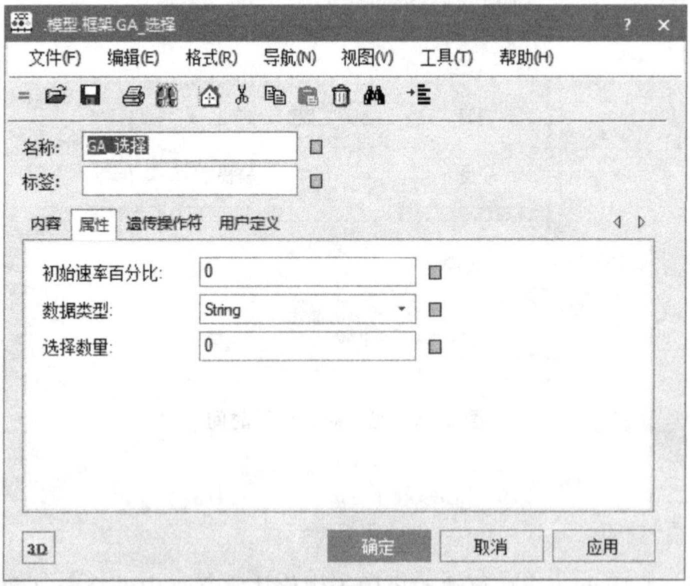

图 2-37 "属性"选项卡

初始速率百分比：生成第一世代时染色体的初始百分比。

数据类型：可以从其下拉列表框中选择数据的类型。

选择数量：定义要选择的定义集中的项目数。

3)"遗传操作符"选项卡如图 2-38 所示，功能如下。

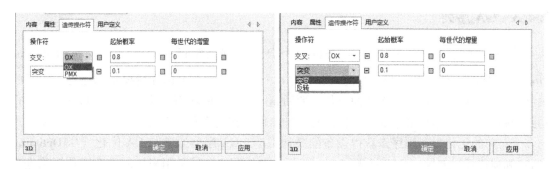

图 2-38 "遗传操作符"选项卡

实际仿真过程中，需要经常更改"交叉"因子和"突变"因子，以寻求更优解。交叉就是互换两个染色体某些位上的基因。GA 选择算法提供两种常用的算子：次序交叉（Order Crossover，OX）和部分映射交叉（Partially Mapping Crossover，PMX）。

部分映射交叉（PMX）：首先随机选择两个交叉点，互换亲代个体交叉点之间的基因片段，对于交叉点外的基因，若它们不与换过来的基因片段冲突，则保留；若冲突，则通过部分映射交叉算法来确定，直到没有冲突的基因为止，从而获得子代个体。如图 2-39 所示，部分映射后，子代 1 的第 2 个基因"6"与交换得到的基因片段"1876"中的"6"冲突，第 9 个基因"1"与交换得到的基因片段"1876"中的"1"冲突，因此亲代基因中的"3"和"5"就可以安排到子代 1 的第 2 或 9 基因位，形成子代 $q_1 = \{2,3,4,1,8,7,6,9,5\}$，同理可得 $q_2 = \{4,1,2,7,3,5,8,9,6\}$。

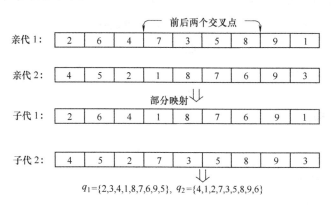

$q_1 = \{2,3,4,1,8,7,6,9,5\}$，$q_2 = \{4,1,2,7,3,5,8,9,6\}$

图 2-39 部分映射交叉

次序交叉（OX）：与部分映射交叉十分相似，首先随机确定两个交叉点，并互换交叉点之间的基因片段，接着从第 2 交叉点后的基因位开始删除原亲代个体中从另一亲代个体交换过来的基因，并保留该顺序，然后从第 2 交叉点后的基因位开始，按顺序填入剩余基因。例如，若亲代个体和交叉点同上，则基因片段"7538"和"1876"首先互换，从第 2 交叉点后的基因位开始，p_1 删除基因"1876"后按顺序剩余"92435"，然后从第 2 交叉点后的基因位开始填入，就得到子代 $q_1 = \{4,3,5,1,8,7,6,9,2\}$，同理可得 $q_2 = \{2,1,6,7,3,5,8,9,4\}$。

2.4.3　GA 序列

GA 序列（GASequence）任务的一个典型示例是旅行商问题（Traveling Salesman Problem，TSP），假设有一个旅行商人要拜访 n 个城市，他必须选择所要走的路径，路径的限制是每个城市只能拜访一次，而且最后要回到原来出发的城市，路径的选择目标是要求得的路径路程为所有路径之中的最小值。另一种示例是在生产和制造环境中，通过找到要处理的多个订单的优化投产顺序来获得设备的高利用率。GA 序列通常与 GA 优化（GAOptimization）和遗传算法向导（GAWizard）搭配使用，遗传算法向导是用来控制整个遗传算法进程的，将在 2.4.6 小节讲解。

双击"GASequence"图标可打开其对话框，其选项卡与 GA 选择的仅有一些微小差异，例如在"内容"选项卡的列表中多了个"位置约束"列，如图 2-40 所示。下面只讲不同之处，其余选项不再赘述。

	string 1	list 2	string 3
string	定义集	位置约束	初始集 -->

图 2-40　"GASequence"对话框的"内容"选项卡

1）"内容"选项卡的"位置约束"：如果要将某台设备限制在某些区域内，可以在此列设置位置约束。

2）"属性"选项卡如图 2-41 所示，功能如下。

图 2-41　"GASequence"对话框的"属性"选项卡

样本数：生成某世代过程中，用 GA 终止算法随机搜索时，其初始解的采样数。

交叉试验数：执行交叉算子前的匹配交叉范围位置的试验次数。

变异试验数：循环互换染色体位置的试验次数，以便与"位置约束"的设置相适应。

变异校正程度：只有在"遗传操作符项"选项卡，将"变异"算子选择为"固定的突变数"时才有效。

3）"遗传操作符"选项卡如图 2-42 所示。

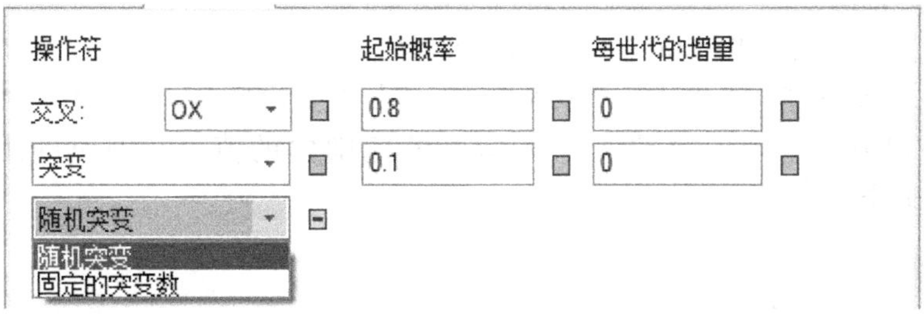

图 2-42　"GASequence"对话框的"遗传操作符"选项卡

随机突变：为"起始概率"输入一个数字，以定义在第一代中突变基因的概率。为"每世代的增量"输入一个数字，以便在世代数发生变化时，定义发生随机突变的变化量。

固定的突变数：选择后将打开一个包含四列整数类型数据的"突变计划"表格，如图 2-43 所示。可以在其中为每一代定义每条染色体的突变数量。例如，减少突变的数量可以让遗传算法在优化的最后阶段更好地搜索局部最优解。将第一代的代号输入"世代（从）"列的单元格中，并将其到下一代的突变数量输入到"突变数"列中，通过在表格的另一行输入值来修改生成的突变数量，并且需要确保表格的第一列按升序排序。

遗传算法可以将基因向上移动"最大位置偏移（向上）"列设置的基因位数，或者向下移动"最大位置偏移（向下）"列设置的基因位数，这称为突变的位置偏移限制。若没有在"最大位置偏移（向上）"列或"最大位置偏移（向下）"列输入数值，则遗传算法按照没有位置偏移限制发生基因突变。

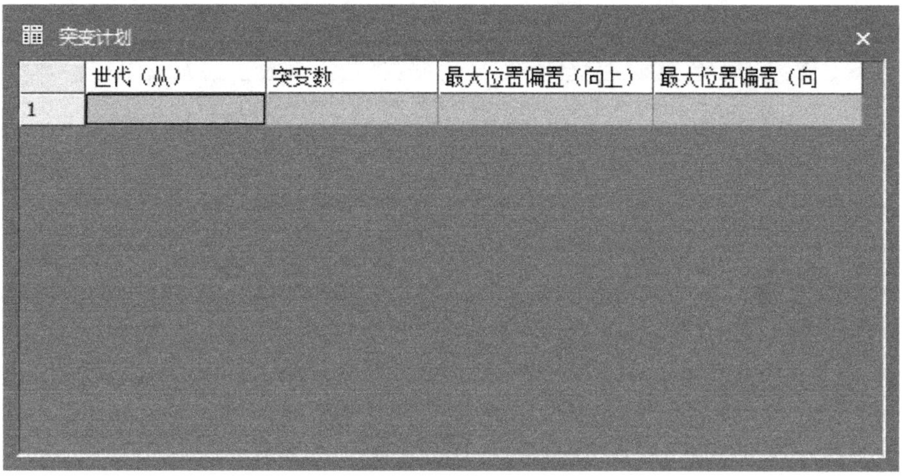

图 2-43　"突变计划"表格

2.4.4　GA 范围分配

GA 范围分配（GARangeAllocation）算法用于在解决基因分配任务时，将来自另一亲代染色体的基因分配给定义集范围内的基因位。定义集中的每个基因位都分配了某个范围内的基因，超出范围的基因可以使用一次、数次或根本不使用。还可以为定义集的每个基因定义一个自己的范围。

1）双击"GARangeAllocation"图标打开其对话框，"内容"选项卡的表格有五列内容，分别是"定义集""最小""最大""间隔""初始集"，如图 2-44 所示。染色体的各个基因可以取"最小""最大"列定义的范围内的值，基因位的距离由固定的"间隔"数值确定。

图 2-44 "内容"选项卡的表格

2）"属性"选项卡如图 2-45 所示。

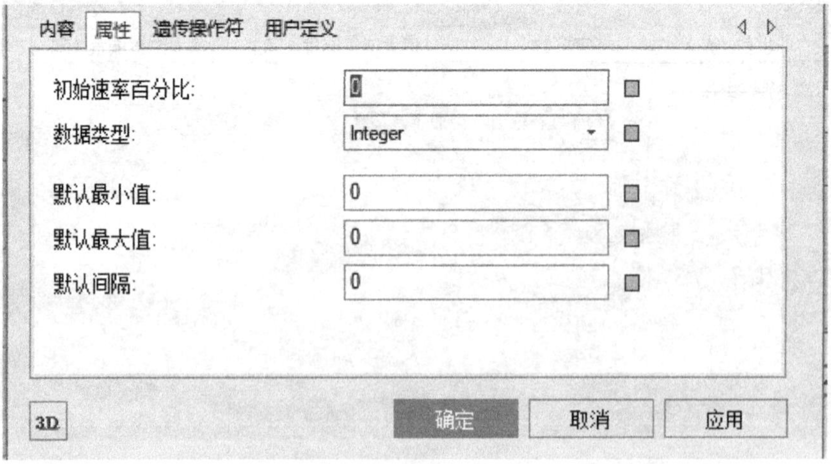

图 2-45 "属性"选项卡

默认最小值：指定一个默认的最小值，从此值开始递增。
默认最大值：指定一个默认的最大值，到此值停止。
默认间隔：指定默认最小值到默认最大值每次递增的数量。

2.4.5 GA 设置分配

GA 设置分配（GASetAllocation）与 GA 范围分配的定义基本相同。双击"GA_设置分配"图标可打开其对话框。

1）"内容"选项卡的表格如图 2-46 所示。

定义集：染色体的单个基因可以从设置的"定义集"列中取值。

分配集：将包含相应项的分配集的子表（数据类型表）的名称输入到"分配集"列中。GA 设置分配算法将输入到子表中的每个值都视为相应分配集的一个项目。

图 2-46 "GA_设置分配"对话框"内容"选项卡的表格

2）"属性"选项卡有一个"默认设置"按钮，如图 2-47 所示，单击"默认设置"按钮会出现一个表格，可以在其中输入数据，以设置分配集的默认值。如果未将项目的值输入到"内容"选项卡表格的"分配集"列中，则 GA 设置分配算法将使用此默认设置所创建表格中的值。

2.4.6 遗传算法向导

遗传算法向导（GAWizard）将遗传算法集成到现有的仿真模型中，以进行优化和评估等。与遗传算法的其他对象配合使用来求解优化任务，可以使遗传算法向导更好地发挥其功能。

图 2-47 "属性"选项卡的"默认设置"按钮

1. "遗传算法范围"对话框

1）"定义"选项卡："遗传算法范围"对话框的"定义"选项卡如图 2-48 所示，各选项的意义见表 2-3。

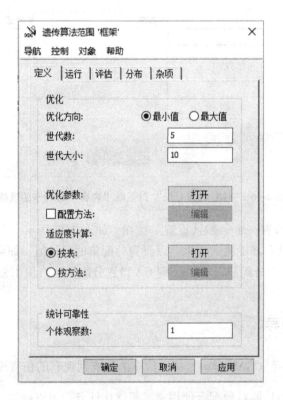

图 2-48 "遗传算法范围"对话框的"定义"选项卡

表 2-3 "定义"选项卡各选项的意义

选　项	意　义
优化方向	通过遗传算法进行优化时采用最大值描述，还是最小值描述，即优化目标函数值越大越好，还是越小越好
世代数	控制遗传算法进程终止的条件，即计算多少代就结束
世代大小	每代个体的容量大小
优化参数	定义优化参数
配置方法	遗传算法会将计算的结果存储在"GA_table"中，要将其中的比较好的染色体提取出来，就应该在这编写相应的程序
按表	用于适应度计算的目标值
按方法	用户自定义的适应度计算的方法对象
个体观察数	每个个体观测次数（重复次数）

2)"运行"选项卡："遗传算法范围"对话框的"运行"选项卡如图 2-49 所示，各选

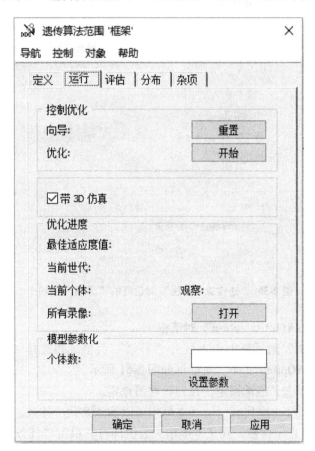

图 2-49　"遗传算法范围"对话框的"运行"选项卡

项的意义见表 2-4。

表 2-4 "运行"选项卡各选项的意义

选　项	意　义
向导	单击"重置"按钮则重置优化
优化	单击"开始"按钮则开始运行优化
带 3D 仿真	勾选则在模型运行时，生成与其一致的 3D 仿真动画
打开	单击该按钮则打开仿真进程信息表
设置参数	打开子值表

3）"评估"选项卡："遗传算法范围"对话框的"评估"选项卡如图 2-50 所示，单击各选项后的"显示"按钮即可显示想要的结果，如后代图、HTML 报告等。

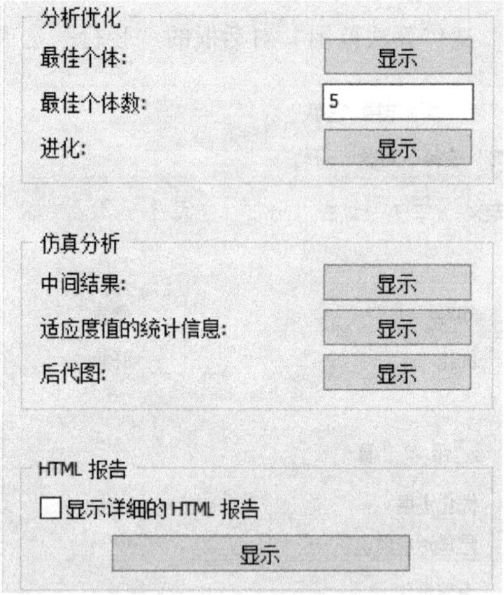

图 2-50 "遗传算法范围"对话框的"评估"选项卡

2. "GAWizard. GAOptimization"对话框

在"遗传算法范围"对话框中单击展开"对象"菜单，并选择"GA 控件"选项，则弹出的"GAWizard. GAOptimization"对话框如图 2-51 所示。

输入数据前，先单击"继承锁定"按钮 ⊟ 取消锁定。

1）"设置"选项卡："世代级别"文本框中可以输入亲代个体数，该数值表示一代中的亲属数量。"世代数"表示代数，在文本框输入数值即可。单击"任务"按钮后面的锁定按钮 ⊟，接着可以在弹出的基本任务文本框内输入"GASequence"后单击"确定"按钮返回。再单击"GAWizard. GAOptimization"对话框中的"应用"按钮。

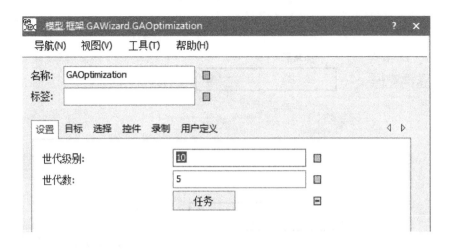

图 2-51 "GAWizard. GAOptimization"对话框

2)"目标"选项卡：适应度最小值为0。

3)"选择"选项卡：可在此选项卡中进行优化求解的各项选择，可以选择"个体求解结果评估"基于"绝对值"或"相对值"，"亲代的选择"是"确定选择"还是"随机性选择"；选择是否"复制最佳方案"以确定是否克隆最优解；"后代选择"可以选择"四选一""二选一""随机""概率的选优"。

4)"控件"选项卡：可以自定义评估函数、终止函数及错误处理函数等。

5)"录制"选项卡：记录亲代、子代等的中间计算结果，以及记录多少个最优解等。

3. 遗传算法分析实例

下面以一个实例来说明遗传算法向导的用法。添加对象新建模型，如图 2-52 所示。

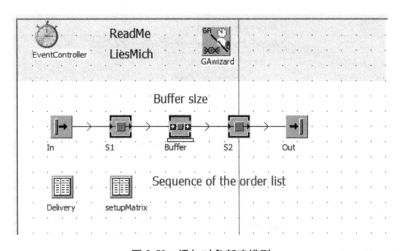

图 2-52 添加对象新建模型

1)将"In"的"创建时间"改为"交付表"的形式，将"表"选择为"Delivery"，如图 2-53 所示。

2)打开"Delivery"表文件，激活列索引，输入如图 2-54 所示数据。

图 2-53　更改创建时间方式

string	time 1	object 2	integer 3	string 4	integer 5	integer 6
	Delivery Time	MU	Number	Name	Orig	Chrom
1	0.0000	*.Models.Optimization.Entity	1	T10	1	1
2	0.0000	*.Models.Optimization.Entity	1	T1	2	2
3	0.0000	*.Models.Optimization.Entity	1	T6	3	3
4	0.0000	*.Models.Optimization.Entity	1	T8	4	4
5	0.0000	*.Models.Optimization.Entity	1	T9	5	5
6	0.0000	*.Models.Optimization.Entity	1	T2	6	6
7	0.0000	*.Models.Optimization.Entity	1	T7	7	7
8	0.0000	*.Models.Optimization.Entity	1	T4	8	8
9	0.0000	*.Models.Optimization.Entity	1	T3	9	9
10	0.0000	*.Models.Optimization.Entity	1	T5	10	10

图 2-54　"Delivery" 表文件数据

3）双击 "S1" 工位打开其对话框，将其 "设置时间" 的类型改为 "矩阵"，如图 2-55 所示。

4）打开 "setupMatrix" 表文件，激活行索引和列索引，更改列表格式，输入如图 2-56 所示数据，从 T1 到 T10 的时间范围从 1min 到 9min。

5）双击 "S2" 工位打开其对话框，将其 "处理时间" 的类型更改为 "负指数"，然后在后面的文本框中输入 "1：00"，即 1min，如图 2-57 所示。

6）设置完毕，运行模型，总运行时间为 45：14.5220，如图 2-58 所示。

7）双击 "GAWizard" 图标打开 "遗传算法范围" 对话框，将 "优化方向" 设置为 "最小值"，"世代数" 设置为 "5"，"世代大小" 设置为 "10"，图 2-59 所示。单击 "优化参数" 后的 "打开" 按钮，在弹出的表格中进行设置，如图 2-60 所示。注意，此步必须进

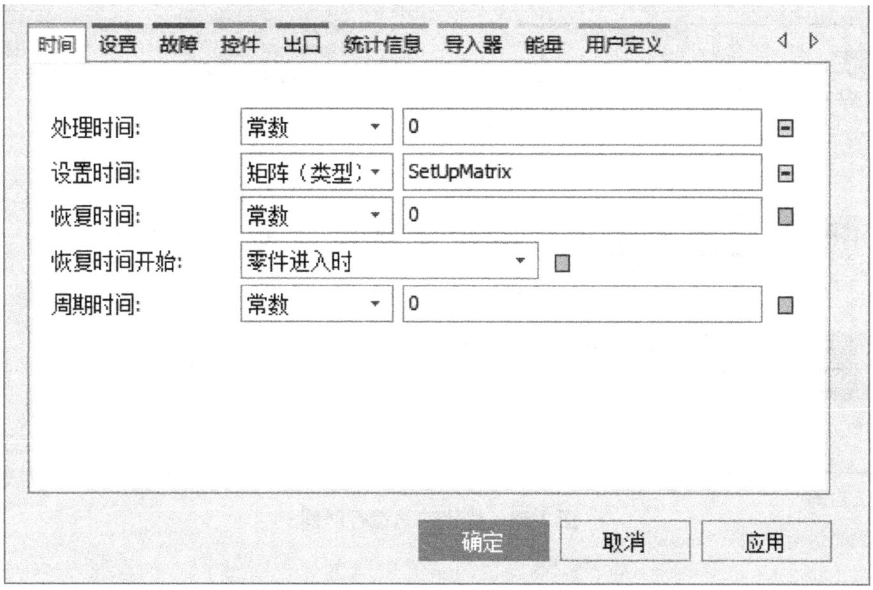

图 2-55 更改"设置时间"类型

	string 0	time 1	time 2	time 3	time 4	time 5	time 6	time 7	time 8	time 9	time 10
string		T1	T2	T3	T4	T5	T6	T7	T8	T9	T10
1	T1	0.0	1:0...	2:0...	3:0...	4:0...	5:0...	6:0...	7:0...	8:0...	9:0...
2	T2	1:0...	0.0	1:0...	2:0...	3:0...	4:0...	5:0...	6:0...	7:0...	8:0...
3	T3	2:0...	1:0...	0.0	1:0...	2:0...	3:0...	4:0...	5:0...	6:0...	7:0...
4	T4	3:0...	2:0...	1:0...	0.0	1:0...	2:0...	3:0...	4:0...	5:0...	6:0...
5	T5	4:0...	3:0...	2:0...	1:0...	0.0	1:0...	2:0...	3:0...	4:0...	5:0...
6	T6	5:0...	4:0...	3:0...	2:0...	1:0...	0.0	1:0...	2:0...	3:0...	4:0...
7	T7	6:0...	5:0...	4:0...	3:0...	2:0...	1:0...	0.0	1:0...	2:0...	3:0...
8	T8	7:0...	6:0...	5:0...	4:0...	3:0...	2:0...	1:0...	0.0	1:0...	2:0...
9	T9	8:0...	7:0...	6:0...	5:0...	4:0...	3:0...	2:0...	1:0...	0.0	1:0...
10	T10	9:0...	8:0...	7:0...	6:0...	5:0...	4:0...	3:0...	2:0...	1:0...	0.0
11	-	1:0...	2:0...	3:0...	4:0...	5:0...	6:0...	7:0...	8:0...	9:0...	10:...

图 2-56 "setupMatrix"表文件数据

图 2-57 更改"处理时间"类型

行，否则在开始优化时会报错。

将"适应度计算"选择为"按表"，单击"打开"按钮，在弹出的表格中输入数据，

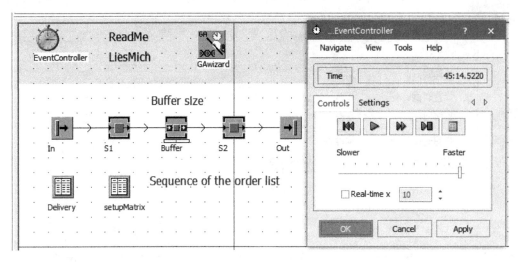

图 2-58　优化前总运行时间

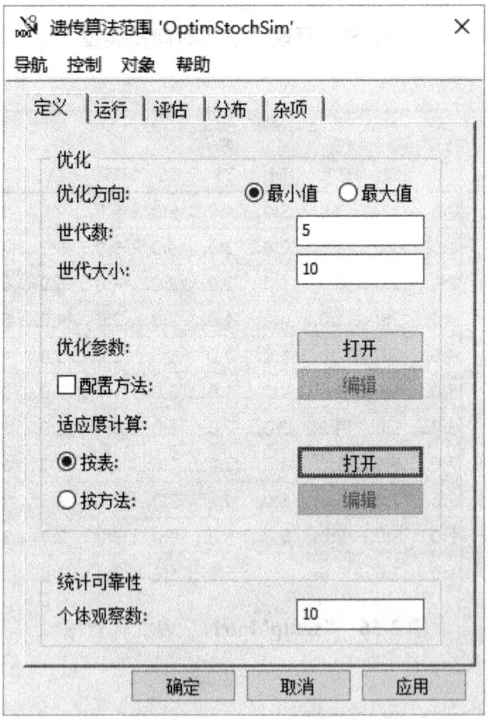

图 2-59　设置优化选项

如图 2-61 所示。

　　至此，所有的准备工作均已完成，先在"遗传算法范围"对话框的"运行"选项卡中单击"重置"按钮重置模型，随后单击"开始"按钮，等待优化完成。优化完成后单击"评估"选项卡中"HTML 报告"下的"显示"按钮，在模型界面就会弹出如图 2-62 所示的 HTML 报告。HTML 报告主要显示优化结果、评估世代的适应度值、生成的后代图等，可

	string 1	object 2	string 3	integer 4
string	Parameter:	root.Delivery	Parameter:	root.Buffer.Capacity
1	序列	root.Delivery	下限	1
2	10 元素		上限	5
3			增量	1

图 2-60 设置优化参数表格

	string 1	real 2
string	目标值	加权
1	root.EventController.simtime	1.00000
2	root.Buffer.capacity	5.00000

图 2-61 设置适应度表格

以比较清晰地看出遗传算法优化的过程。可以看出，"最佳适应度"为"23：14.5378"，"分配问题的最佳参数"（即 Bufferr 的容量）为"2"，这表示最小总运行时间和 Buffer 的最佳容量。

图 2-62 HTML 报告

此时返回模型界面，再次打开"Delivery"表文件，发现它的加工顺序已经变成 HTML 报告中"序列问题的最佳方案"给出的最佳加工顺序（"Orig"列），如图 2-63 所示。

遗传算法向导与 GA 优化算法都可以对加工顺序进行优化，相对于 GA 优化来说，遗传算法向导使用起来更方便，且展示出的数据类型更全面，所以应用较多。

在 Plant Simulation 中，对于比较复杂的流水线生产排程问题，用遗传算法求解往往会得到比较好的结果，但由于该算法应用起来较为复杂，难度较大，所以需要深入地研究。

	time 1	object 2	integer 3	string 4	integer 5	integer 6
string	Delivery Time	MU	Number	Name	Orig	Chrom
1	0.0000	*.Models.Optimization.Entity	1	T2	6	1
2	0.0000	*.Models.Optimization.Entity	1	T6	3	2
3	0.0000	*.Models.Optimization.Entity	1	T5	10	3
4	0.0000	*.Models.Optimization.Entity	1	T4	8	4
5	0.0000	*.Models.Optimization.Entity	1	T3	9	5
6	0.0000	*.Models.Optimization.Entity	1	T1	2	6
7	0.0000	*.Models.Optimization.Entity	1	T7	7	7
8	0.0000	*.Models.Optimization.Entity	1	T9	5	8
9	0.0000	*.Models.Optimization.Entity	1	T8	4	9
10	0.0000	*.Models.Optimization.Entity	1	T10	1	10

图 2-63　优化后的加工顺序

2.5　HTML 报告

HTML 报告（HtmlReport）对象主要用来显示各个工位的利用率情况。可以使用 Plant Simulation 显示 HTML 页面报告，还可以将 HTML 报告保存为 .htm 文件，并在 HTML 浏览器中打开此文件。在外部浏览器中打开 HTML 报告不需要用到 Plant Simulation，这意味着 HTML 报告可以在有 HTML 浏览器的任何计算机上显示。

1. "HTML_报告"对话框

双击" HtmlReport "图标打开"HTML_报告"对话框，如图 2-64 所示。单击"显示报告"按钮即可打开 HTML 报告，如图 2-65 所示，在 HTML 报告中，可以查看各个工位的资源利用率的情况，除显示外，还可以以将此报告保存或打印出来等。

图 2-64　"HTML 报告"对话框

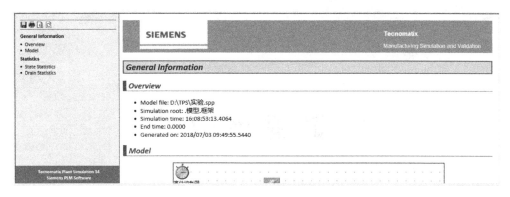

图 2-65　HTML 报告

在"内容"选项卡中，可以设置由路径（Path）指定的 HTML 报告显示的内容。可以利用文本框顶部提供的工具设置字体加粗、斜体、加序号等格式，可以以纯文本形式定义特殊元素，如标题、表格和图片，还可以将对象从模型框架中拖动到"内容"选项卡的文本框中。另外，也可以用 HTML 语法输入文本，但建议不要这样做，因为 HTML 语法很难输入并且难以理解。

2. 使用方法

在模型仿真运行结束后，右击"HtmlReport"图标并选择"显示"选项即可，此时报告显示的是全部工位的资源统计信息。如果只想显示单个工位的资源统计信息，则可以右击工位图标后选择"显示统计报告"选项，如图 2-66 所示。

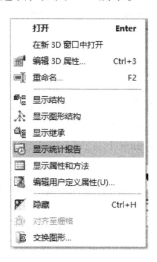

图 2-66　选择"显示统计报告"选项

第3章

数 据 接 口

Plant Simulation 提供与其他数据平台（如 ODBC、SQL、Oracle、ERP 等）交互的一系列数据接口，通过这些专门的接口和集成能力，用户可以建立 Plant Simulation 与外部的数据库系统之间的信息通道。从而实现仿真模型与数据库系统的信息集成。

3. 1   Teamcenter 接口

3. 1. 1   Teamcenter 接口简介

Teamcenter 接口是 Plant Simulation 和 Teamcenter 之间的接口，用于访问和交换数据。

1. Teamcenter 接口添加方式

可以在菜单栏最右侧单击"管理类库"按钮打开"管理类库"对话框，然后从"对象"列表中找到并勾选"Teamcenter"选项来添加并使用该接口对象，如图 3-1 所示。

使用 Teamcenter 接口时，需要注意如下事项。

1）Teamcenter 接口支持 Teamcenter 11.0~11.2.3 版本。

2）要在 Plant Simulation 中使用 Teamcenter 接口，需要在计算机上安装 .NET Framework 4.0。此外，需要在计算机上安装匹配的 Teamcenter 客户端或 Teamcenter 客户端通信系统（TCCS）。

3）Teamcenter Server 需要一些必须安装的 Plant Simulation 文件。

可以使用"文件"菜单中的选项将模型保存到 Teamcenter，以检查并编辑它们，并将更新后的版本签入 Teamcenter，如图 3-2 所示。

图 3-2 所示菜单中各个选项的含义如下。

从 Teamcenter 打开：将打开 Teamcenter 中的模型，并将其保存到 Teamcenter 数据库中。需要输入登录 Teamcenter 的用户名、密码和服务器 URL，如图 3-3 所示。

添加到 Teamcenter：将模型添加到 Teamcenter 数据库。需要输入登录 Teamcenter 的用户名、密码和服务器 URL。

图 3-1　从"管理类库"对话框中添加"Teamcenter"接口

图 3-2　添加到 Teamcenter

签入：将模型保存到 Teamcenter 数据库并将其签入。同时也需要输入用户名、密码和服务器 URL。

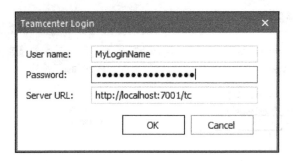

图 3-3　输入登录 Teamcenter 的信息

签出：将从 Teamcenter 数据库中签出模型。同样也需要输入用户名、密码和服务器 URL。

2. Teamcenter 接口功能

在 Teamcenter 中保存仿真模型对大型公司尤其有用，它允许在具有特定访问权限的项目中对模型进行公共存储、管理和版本控制，还允许使用相同的系统来规划和管理流程数据、资源和产品。此外，Plant Simulation 和其他仿真工具可以访问存储在 Teamcenter 中的数据，通过仿真结果丰富数据，并在仿真报告中显示数据。其他用户也可以从 Teamcenter 中查看数据。

Teamcenter 还允许将模型和子模型传递给同事们，并将其分组开发、集成，也可以管理供应商的模型。如果已签入模型的较新版本位于 Teamcenter 数据库中而不是在计算机上，则 Teamcenter 接口会下载此较新版本，以便继续使用。图 3-4 概述了 Teamcenter 与 Plant Simulation 之间的数据交换关系，绿色代表 Teamcenter 处理，橙色代表 Plant Simulation 处理（扫描二维码查看彩图）。

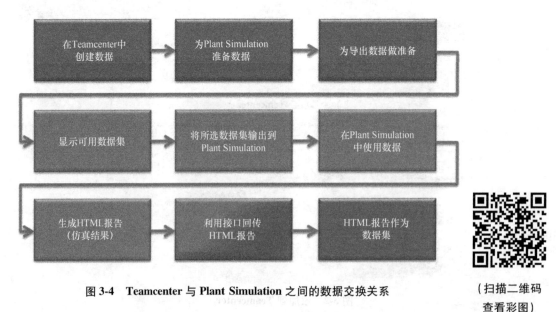

图 3-4　Teamcenter 与 Plant Simulation 之间的数据交换关系

（扫描二维码查看彩图）

Teamcenter 提供产品数据、流程数据和工作区数据。同事们可以通过 Teamcenter 中的协作上下文汇总数据，通过"应用程序"对话框导出快照并在"Plant Simulation"选项中选择导出的数据，也可以使用定义样式的表转换为简化的 XML 格式，接着将其导入 Plant Simulation 表文件，这样就可以将数据与从 Teamcenter 导出的 JT 文件一起用作 Plant Simulation 中仿真模型的输入数据。

下载的 Plant Simulation 安装包中有"Teamcenter Interface"文件夹。计算机当前的 Teamcenter 管理员必须使用 Teamcenter Environmental Manager 将文件安装在"TC11 TEM Package"文件夹中，此文件夹包含 Plant Simulation Integration 的数据类型，如应用程序接口的数据类型等。

3.1.2 Teamcenter 接口用法

双击"Teamcenter"接口图标打开其对话框，如图 3-5 所示。

图 3-5 "Teamcenter"对话框

1. "连接"选项卡

1）服务器 URL：文本框中需要输入需要连接 Teamcenter 服务器的 URL。

2）Active Workspace 服务器 URL：Active Workspace 是 Teamcenter 的创新工作空间，可提供简化且直观的产品生命周期管理（PLM）用户体验。利用 Active Workspace 可以更快地找到所需内容，从而提高工作效率，便于全面了解生命周期数据从而做出更明智的决策，并在需要的时间和地点提供无缝访问 PLM 的接口。

Plant Simulation 中的 Teamcenter 接口主要使用搜索功能搜索 Plantcenter 中保存的 Plant Simulation 仿真模型。如果想使用 Active Workspace，则必须能够访问具有 Active Workspace 的 Teamcenter Server。在较旧版本 Teamcenter 的界面中，Teamcenter 的仿真模型以 2D 结构显示。然后，在 Teamcenter 的"打开模型"对话框中选择模型，再单击"打开"按钮即可。

使用 Active Workspace，可以设置模型的文件夹和存储位置。当第一次登录 Teamcenter 时，可以设置是否要使用 Active Workspace，为此，需勾选"活动工作区"复选框，并且必须输入一次密码，即使密码已保存在 Teamcenter 中。在对话框"应用程序接口类型"中选择"同步"选项。然后在"活动工作区"窗口中选择的模型。

3）应用程序接口类型：保持默认项即可，不需改变。

4）用户名、密码：输入 Teamcenter 的用户名和密码才能使用。

2. "导入"选项卡

"Teamcenter"对话框的"导入"选项卡如图 3-6 所示。

图 3-6 "导入"选项卡

注意："导入"选项卡可以导入 Teamcenter 的数据及模型文件，但想要使用这些功能，则必须登录 Teamcenter 服务器，否则无法操作。

1）应用程序接口：要从 Teamcenter 导入并同步的应用程序接口。如果要在导入数据时再在对话框中设置同步和应用程序接口，只需输入空字符串（""）。

2）同步：如果要在导入数据时再在对话框中设置同步和应用程序接口，将文本框留空即可。

3）目录：输入 PLMXML 文件和 JT 文件将复制到的目录的名称。要导航到该目录，则单击 按钮，然后选择所需目录。

4）样式表：输入从 Teamcenter 复制数据时要使用的样式表的名称，或者单击 按钮并选择样式表。样式表允许格式化导出 PLMXML 文件的数据，使得与仿真相关的数据可以在简单的表结构中排列。然后可以将其导入 Plant Simulation 中的表格。

5）表：输入要将 PLMXML 数据导入其中的 Plant Simulation 表文件的名称，或者单击 按钮并导航到表文件所在的文件夹。

3. "导出"选项卡

"导出"选项卡如图 3-7 所示，可以设置需要导出到 Teamcenter 数据库的 HTML 报告和导出到的目标文件夹。

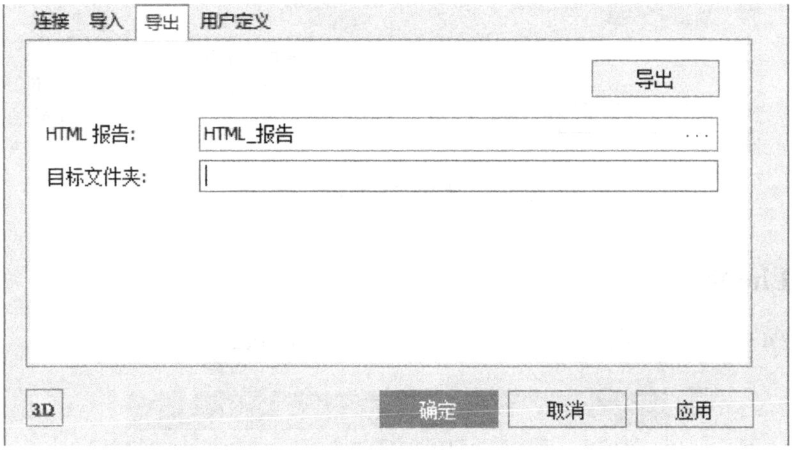

图 3-7　"导出"选项卡

3.2　SQLite 接口

3.2.1　SQLite 接口简介

SQLite 接口用于将 Plant Simulation 连接到 SQL 数据库。SQLite 是一个软件库，它实现了一个独立、无服务器、零配置的事务 SQL 数据库引擎。SQLite 是世界上部署最广泛的 SQL 数据库引擎。SQLite 的源代码位于公共域中。

此数据库引擎实现了大多数 SQL92 标准，这意味着可以使用有关 SQL92 的每本书作为参考。SQLite 的网站上还提供了大量文档。在网站上，还可以下载一个名为"sqlite3.exe"的小程序，以便在不使用 Plant Simulation 的情况下访问数据库。此 SQLite 数据库引擎嵌入在 Plant Simulation 中，可以使用 SQLite 接口对象访问它。

打开基于文件的 SQLite 数据库时，Plant Simulation 将应用如下默认设置，取消激活事务支持。

PRAGMA locking_mode = EXCLUSIVE

PRAGMA journal_mode = NORMAL

PRAGMA synchronous = OFF

这些设置可以大大加快对数据库的访问，要获取支持事务的 SQLite 默认设置，可以使用如下 SimTalk 源代码来实现。

SQLite.exec（"PRAGMA locking_mode = NORMAL"）

SQLite.exec（"PRAGMA journal_mode = DELETE"）

SQLite.exec（"PRAGMA synchronous = FULL"）

可以从"管理类库"对话框的列表中勾选"SQLite"选项来添加该接口对象，如图 3-8 所示。

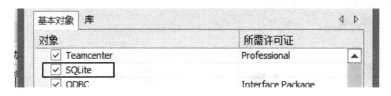

图3-8 添加"SQLite"接口

3.2.2 SQLite 接口用法

双击"SQLite"接口图标打开其对话框，如图3-9所示。

图3-9 "SQLite"对话框

"SQLite"对话框只有"属性"这一选项卡，下面将介绍各选项的意义及用法。

1）文件名：输入要从中导入数据的数据库的文件名，或者输入想要将数据导出到的数据库的名称。Plant Simulation 在文件夹中创建文件，也可以在其中存储仿真模型。只有在仿真模型执行 SQL 选项后，计算机才会显示该文件。如果未输入数据库的文件名，Plant Simulation 会在内存中创建它。默认设置为"：memory："，表示数据库将存储在主存储器中，而不是存储在硬盘上的文件中，这会大大提高性能和访问速度。需要注意，关闭仿真模型时，或者 Plant Simulation 崩溃时，所有数据都将丢失！

单击"打开"按钮 📂，然后在对话框中选择一个文件并打开，如图3-10所示。

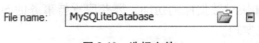

图3-10 选择文件

2）语句：要保存常用 SQL 语句，则需单击此按钮。然后，在打开的"Statements"对话框中输入语句。例如，可以输入"select * form BETrace"，如图3-11所示。

可输入"Statements"对话框的 SimTalk 语句有多种类型，下面主要介绍两种。

执行语句：用于调用并执行保存的 SQL 语句。执行语句的作用和用法见表3-1。

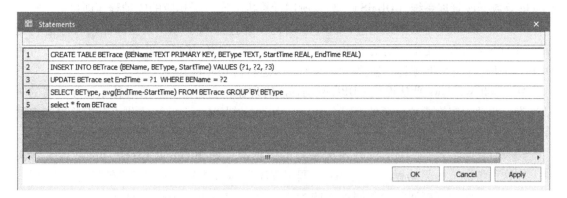

图 3-11 "Statements" 对话框

表 3-1 执行语句的作用和用法

语 句	作 用	用 法
useStatement	用于通过指定行号来激活一条已保存的 SQL 表达式	Path. useStatement（StatementNumber：integer）
bindInteger bindReal bindString	用于将第二个参数绑定到当前准备的 SQL 语句中的参数，该语句具有数据类型为 integer 的第一个参数的编号	Path. bindInteger（ArgumentIndex：integer, IntegerToBind：integer） Path. bindReal（ArgumentIndex：integer, RealToBind：real） Path. bindString（ArgumentIndex：integer, StringToBind：string）
step	用于执行预准备的语句	Path. step
resetStatement	用于将准备好的语句重置为其初始状态，并准备重新执行。任何绑定了值的 SQL 语句变量都会保留其值	Path. resetStatement

保存语句：语句"storeStatement"用于保存当前使用"prepare"语句准备的 SQL 表达式，以供重用。

3）删除文件：要删除数据库文件，且其名称包含在硬盘驱动器的文件中时，可单击此按钮，此时，将仅删除实际的数据库文件，但在文本框中保留文件名。

3.3 ODBC 接口

3.3.1 ODBC 接口简介

ODBC 接口用于连接到任何现有数据源。若需要与多个数据库相连接，则根据需要在"类库"文件夹中复制"ODBC"对象。ODBC（开放式数据库连接）接口优于产品特定接口之处在于，它允许访问不同的数据源，如 Microsoft Excel、dBase 和文本文件，以及

Oracle 等数据库管理系统（DBMS），只要所用计算机上安装了相应的驱动程序即可。

Plant Simulation 与数据源通过 ODBC 驱动程序管理器和 ODBC 数据库驱动程序进行通信。Plant Simulation 使用所谓的 ODBC 调用程序实现 ODBC 接口，此接口允许与任何可用 ODBC 驱动程序的数据源建立连接，以定义 SQL 运行语句并将其发送到数据源。

Microsoft Windows 默认提供 ODBC 驱动程序管理器，它将加载和管理特定任务所需的驱动程序。驱动程序构成数据源的 ODBC 接口，由动态链接库（DLL）提供，分为单层和多层驱动程序。

1）单层驱动程序适用于没有 SQL 接口的数据源，如 Microsoft Excel、dBase 或文本文件。在这种情况下，驱动程序处理 ODBC 调用程序和 SQL 语句，并将它们转换为基本文件。请注意，这些驱动程序通常会限制提供的 SQL 语句，但至少必须提供 ODBC 定义的最小命令集。

2）多层驱动程序需要一个处理 SQL 语句的服务器，并且是数据源的接口。驱动程序处理 ODBC 调用程序并将 SQL 命令转发到服务器。也可以定义 DBMS 特定的调用程序，驱动程序修改其他调用程序以适应 DBMS 所需的语法。多层驱动程序适用于典型的客户端/服务器体系结构，如 Oracle、Informix 或 Sybase。应用程序和驱动程序的组合构成了客户端。

需要注意的是：对于 ODBC，需要有用于 ODBC 的 64 位驱动程序。从 Microsoft Office 2010 开始，Microsoft 为 Access、Excel 等提供 64 位 ODBC 驱动程序。

可以在"管理类库"对话框的列表中勾选"ODBC"选项以添加该接口对象，如图 3-12 所示。

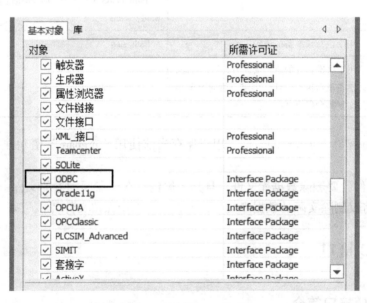

图 3-12 添加"ODBC"接口

ODBC 有它的数据类型，表数据类型的"DATA_TYPES"列显示了使用的驱动程序实际支持的 ODBC 数据类型。对于通过"SELECT"语句加载到 Plant Simulation 表文件的数据，适用表 3-2 第 3 列中的数据类型映射。

表 3-2　ODBC 到 Plant Simulation 数据类型的映射

ODBC 数据类型	描　述	Plant Simulation 数据类型
CHAR(n)	固定长度为 n 的文本，n=1~254	字符串（string）
VARCHAR	长度可变的文本，最大长度 n=1~254	字符串（string）
LONG VARCHAR	长度可变的文本，最大长度取决于数据源	字符串（string）
DECIMAL(p, s)	具有精度 p 和 s 小数的定点数，p=1~15，s=0~p	实数（real），s>0 或 p>0 整数（integer），其他
NUMERIC(p, s)	等价于 DECIMAL	实数（real），s>0 或 p>0 整数（integer），其他
INTEGER	整数数值 n，n=-2^{31}~$2^{31}-1$	整数（integer）
SMALLINT	数值 n，n=-32768 ~ 32767	整数（integer）
REAL	浮点数，有效数字 7 位	实数（real）
FLOAT	浮点数，有效数字 15 位	实数（real）
DOUBLE PRECISION	等价于 FLOAT	实数（real）
BIT	二进制数据（1 位）	布尔型（boolean）
TINYINT	数值 n，n=-128~127	整数（integer）
BIGINT	数值 n，n=-2^{63}~$2^{63}-1$	字符串（string）
BINARY(n)	固定长度为 n 的二进制数据，n=1~255	未定义（not defined）
VARBINARY(n)	可变长度的二进制数据，最大长度为 n，n=1~255	未定义（not defined）
LONG VARBINARY	可变长度的二进制数据，最大长度取决于数据源	未定义（not defined）
DATE	日期	日期（date）
TIME	时间	时间（time）
TIMESTAMP	日期/时间	日期和时间（datetime）

3.3.2　ODBC 接口用法

双击"ODBC"接口图标打开其对话框，如图 3-13 所示，可以在对话框中选择数据库并登录，并且可以选择数据源、数据类型等，下面用一个实例说明 ODBC 接口的用法。

依次添加对象建立仿真模型，如图 3-14 所示。

1）添加用于控制与数据库通信的"ODBC"接口对象。

2）添加从数据库中读取数据的"readDB"方法对象，添加将数据写入数据库的"writeDB"方法对象。

3）添加"Dialog"（对话框）对象。

4）添加"Orders"表文件，以备将数据导入其中，然后将数据导出回数据库。

5）双击"ODBC"图标打开其对话框，在"Database"（数据库）文本框中输入数据库

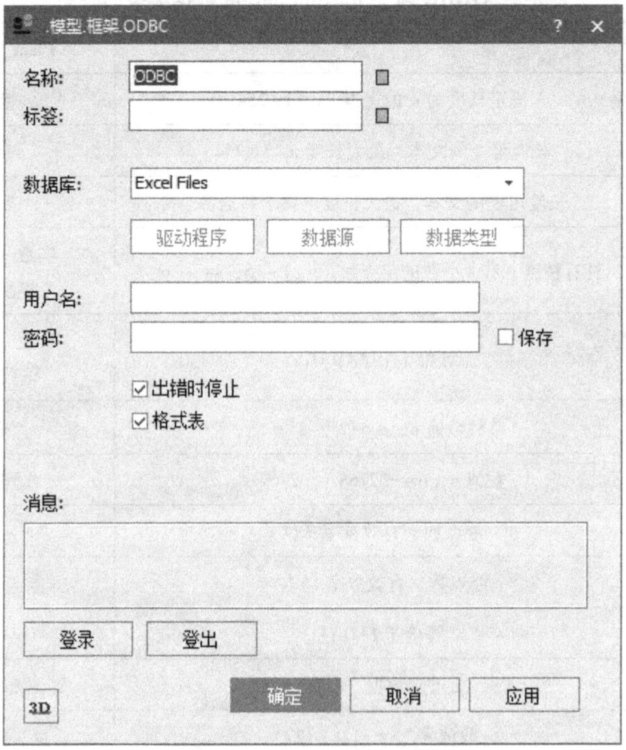

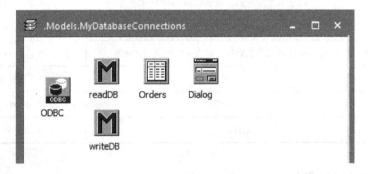

图 3-13 "ODBC"对话框

图 3-14 添加对象建立仿真模型

的名称 "TestDB"，如图 3-15a 所示。需要注意，这与 ODBC Microsoft Access 安装对话框中输入的名称相同。

当使用具有用户管理的数据库（如 SQL-Server、Oracle 等）时，还必须输入用户名和密码。要应用这种更改，则单击 "Apply"（应用）按钮。要登录数据库，则单击 "Login"（登录）按钮。

完成所有设置后，Plant Simulation 会使用数据库名称并对 "User name"（用户名）和 "Password"（密码）文本框进行灰显，并在 "Message"（消息）文本框中显示 "Ok"（确定），如图 3-15b 所示。当 Plant Simulation 遇到问题时，"Message" 文本框会显示描述问题的错误消息。

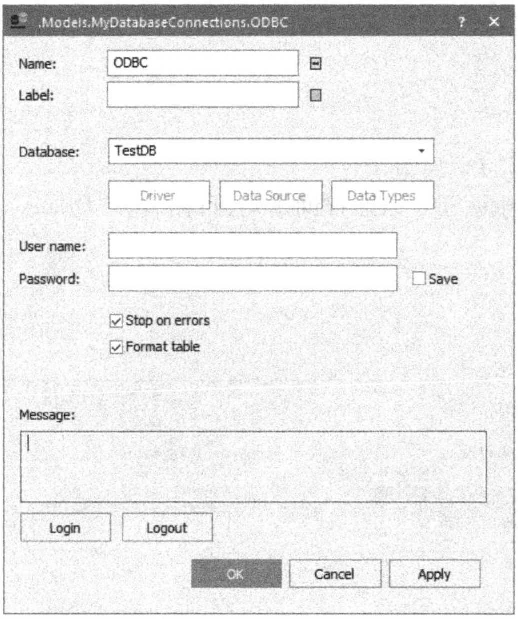

图 3-15 设置数据库

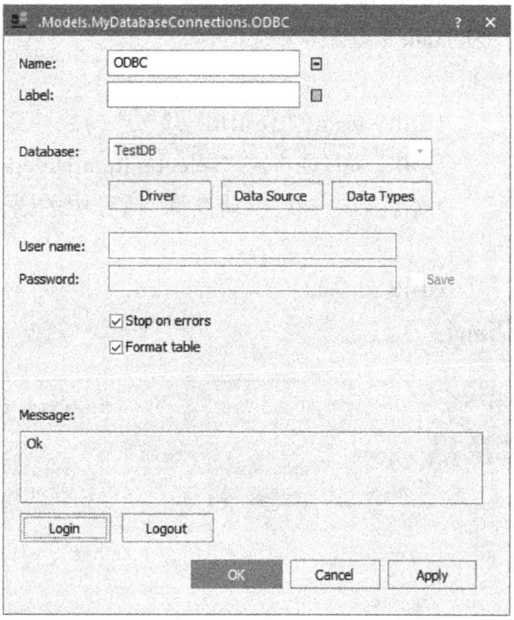

6）利用方法对象控制只有 Plant Simulation 与数据库相连时，才能读取和写入数据。登录和注销数据库操作的 SimTalk 2.0 源代码如下：

```
ODBC. login("TestDB","","")
--数据库操作
ODBC. logout
```

登录和注销数据库操作 SimTalk 1.0 源代码如下所示：

```
do;
ODBC. login("TestDB","","");
--数据库操作
ODBC. logout;
end;
```

7）利用方法对象查询、读取数据库中的数据，并写入 Plant Simulation 表文件。本例从 Access 数据库中读取 "Orders2" 表的全部内容，如图 3-16 所示。

编写方法对象的 SimTalk 源代码时，不同数据库必须使用的语法不同，编写时可参阅数据库附带的文档。数据库的 ODBC 驱动程序确定可以输入的选项范围。实现从 Access 数据库的 "Orders2" 表读取全部数据并写入 Plant Simulation 的 "Orders" 表文件的 SimTalk 2.0 源代码如下：

```
ODBC. login("TestDB","","")
ODBC. sql(Orders,"select * from Orders2")
--始终以 ".sql" 启动查询，括号中的语句为 SQL 标准查询语句，目标表为 "Orders"
```

表文件

ODBC. logout

SimTalk 1. 0 源代码如下:

```
do
    ODBC. login("TestDB","","");
    ODBC. sql(Orders,"select * from Orders2");
```

--始终以".sql"启动查询,括号中的语句为 SQL 标准查询语句,目标表为"Orders"表文件

```
    ODBC. logout;
end;
```

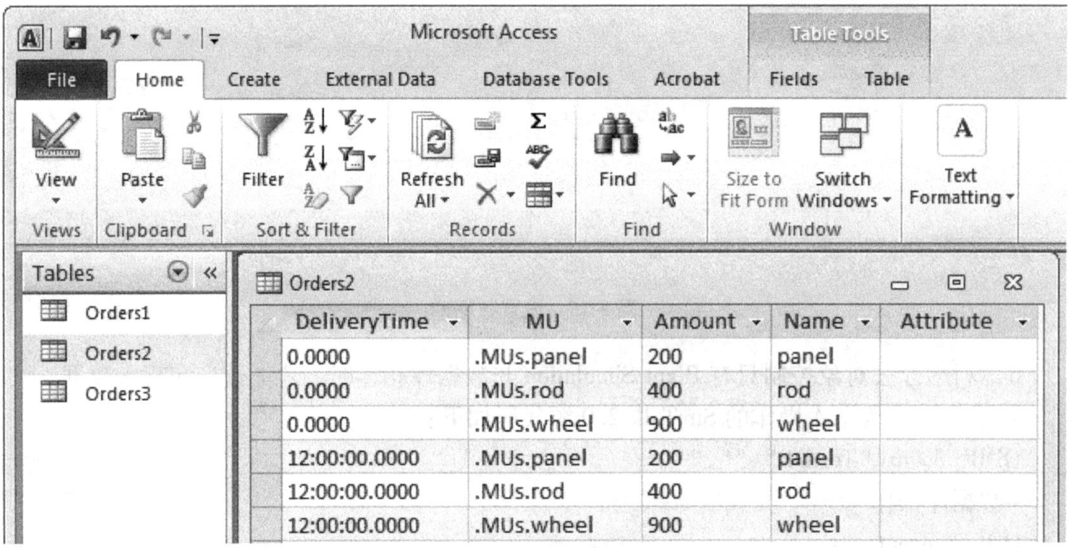

图 3-16　Access 数据库中的 "Orders2" 表

在读取和写入数据时,如果要使目标表使用被导入数据库的表的格式,则需确保在"ODBC"对话框中勾选了"Format table"(格式表)选项,此时,执行上述方法对象后,可得到图 3-17 所示目标表。

"Format table"(格式表)选项仅适用于数据库表的数据类型与 Plant Simulation 数据类型能够相互对应的情况。例如,Plant Simulation 不提供 Oracle 中典型日期格式的对应数据类型。为应对这种情况,一般的数据库文档均会提供用于在查询期间更改格式的过滤器的相关信息。

在保存目标表后,可以通过多种方式在 Plant Simulation 中使用和编辑其中的数据。

8) 以一定的条件筛选数据并生产表文件。在处理大量数据时,编写带有过滤器的 SQL 查询源代码可以大大提高处理速度。这里从 Access 数据库的 "Orders2" 表中查询 "panel" 类型的所有物料,利用其交货时间(DeliveryTime)和数量(Amount)生成 "Orders" 表文件,SimTalk 2. 0 源代码如下:

ODBC. login("TestDB","","")

ODBC. sql(Orders,"select DeliveryTime,Amount from Orders2 where MU='. MUs. panel' ")
ODBC. logout
SimTalk 1. 0 源代码如下：

```
do
    ODBC. login("TestDB","","");
    ODBC. sql(Orders,"select DeliveryTime,Amount from Orders2 where MU='. MUs. panel' ");
    ODBC. logout;
end;
```

.Models.MyDatabaseConnections.Orders

	string 1	string 2	string 3	string 4	string 5
string	DeliveryTime	MU	Amount	Name	Attribute
1	0.0000	.MUs.panel	200	panel	
2	0.0000	.MUs.rod	400	rod	xyz
3	0.0000	.MUs.wheel	900	wheel	
4	12:00:00.0000	.MUs.panel	200	panel	
5	12:00:00.0000	.MUs.rod	400	rod	xyz
6	12:00:00.0000	.MUs.wheel	900	wheel	
7	15:00:00.0000	.MUs.NewP...	150	NewPart	abc
8					

图 3-17 目标表

执行上述方法对象后，可得到“Orders”表文件，如图 3-18 所示。

.Models.MyDatabaseConnections.Orders

0.0000

	string 1	string 2
string	DeliveryTime	Amount
1	0.0000	200
2	12:00:00.0000	200
3		

图 3-18 “Orders”表文件

9）可将 Plant Simulation 仿真的结果数据写回通过 ODBC 接口相连的数据库中。这里使用 SQL 指令为 Access 数据库的“Orders2”表中添加一个新行，并写入新零件的交货信息。

SimTalk 2. 0 源代码如下：

ODBC. login("TestDB","","")

ODBC. sql（"insert into Orders2 values（'15:00:00. 0000' ,'. MUs. NewPart' ,'150' ,' NewPart' ,'abc'）"）

--为"Orders2"表添加新行，单元格内容依次为"15:00:00. 0000""．MUs. NewPart"
"150""NewPart""abc"

ODBC. logout

SimTalk 1. 0 源代码如下：

```
do
    ODBC. login（"TestDB" ,"" ,""）;
    ODBC. sql（"insert into Orders2 values（'15:00:00. 0000' ,'. MUs. NewPart' ,'150' ,' Ne-
wPart' ,'abc'）"）;
    --为"Orders2"表添加新行，单元格内容依次为"15:00:00. 0000""．MUs. NewPart"
"150""NewPart""abc"
    ODBC. logout;
end;
```

运行如上方法对象后，"Orders2"表内容如图 3-19 所示。注意：由于 SQL 没有提供用于将行或整个表的内容添加到数据库的单个语句，因此必须在方法对象中输入每个单元格的内容。

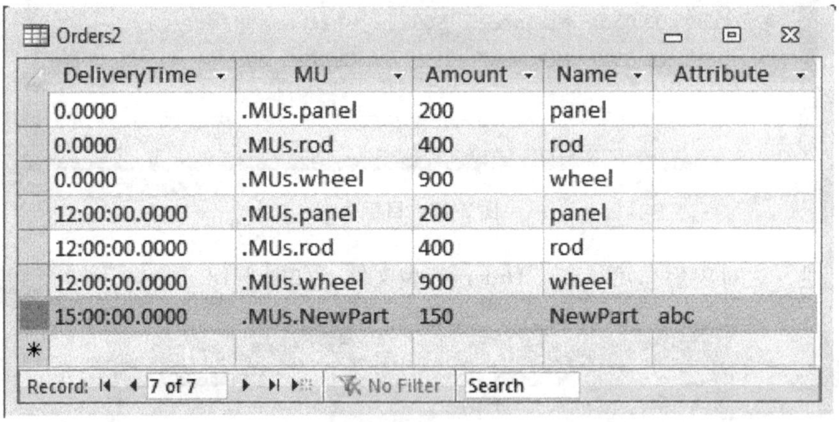

Orders2				
DeliveryTime	MU	Amount	Name	Attribute
0.0000	.MUs.panel	200	panel	
0.0000	.MUs.rod	400	rod	
0.0000	.MUs.wheel	900	wheel	
12:00:00.0000	.MUs.panel	200	panel	
12:00:00.0000	.MUs.rod	400	rod	
12:00:00.0000	.MUs.wheel	900	wheel	
15:00:00.0000	.MUs.NewPart	150	NewPart	abc
*				

Record: I4 ◀ 7 of 7 ▶ ▶I ▶❋ No Filter Search

图 3-19 添加新行的"Orders2"表内容

10）要将数据添加到现有数据集，从而更新数据库，则可以使用 SQL 指令更新。

SimTalk 2. 0 源代码如下：

```
ODBC. login（"TestDB" ,"" ,""）
ODBC. sql（"update Orders2 set Attribute='xyz' where Name='rod'"）
ODBC. logout
```

SimTalk 1. 0 源代码如下：

```
do
    ODBC. login（"TestDB" ,"" ,""）;
    ODBC. sql（"update Orders2 set Attribute='xyz' where Name='rod'"）;
```

```
        ODBC. logout;
end;
```

运行如上方法对象后,"Orders2"表内容如图 3-20 所示。

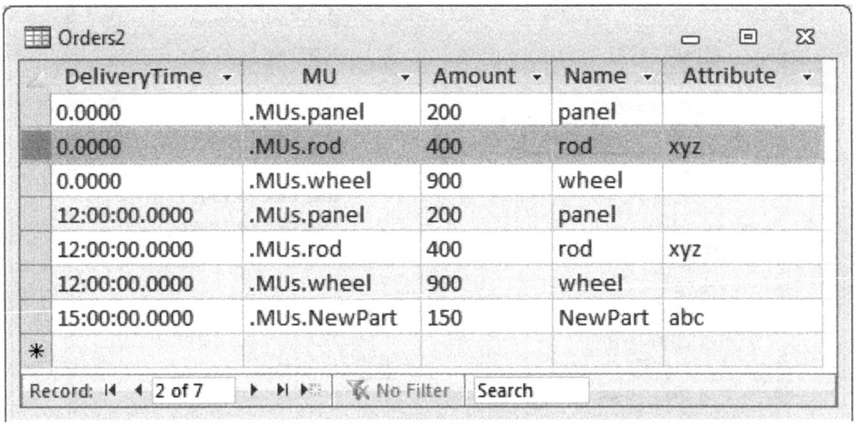

图 3-20 更新数据后的 "Orders2" 表内容

3.4 PLCSIM_Advanced 接口

3.4.1 PLCSIM_Advanced 接口简介

PLCSIM_Advanced 接口用于连接 Plant Simulation 仿真模型和在 PLCSIM Advanced 程序中创建的虚拟 PLC。利用此接口,Plant Simulation 就不需要与真实的 PLC 相连,而与导入了真实 PLC 数据的虚拟 PLC 交换数据即可。

PLCSIM Advanced 程序的 PLC Out 信号被复制到 Plant Simulation 变量和对象的属性中。Plant Simulation 将 PLC In 信号发送到 PLCSIM Advanced 中运行的 PLC 程序中,时间在 PLCSIM Advanced 和 Plant Simulation 之间同步,同时,PLCSIM_Advanced 接口支持实时模式以及在 0.01~100 之间的时间缩放。

可以在"管理类库"对话框的列表中勾选"PLCSIM_Advanced"选项以添加该接口对象,如图 3-21 所示。

3.4.2 PLCSIM_Advanced 接口用法

1. "PLCSIM_Advanced" 对话框

双击"PLCSIM_Advanced"图标打开其对话框,如图 3-22 所示。

"PLCSIM_Advanced"对话框中只有"属性"这一选项卡,下面介绍各个选项的意义及其用法。

1)实例名称:输入要通过 PLCSIM_Advanced 接口与之通信的虚拟 PLC 的名称。

2)远程运行时管理器:输入远程管理器的 IP 地址和端口号。如果要在本地计算机上使

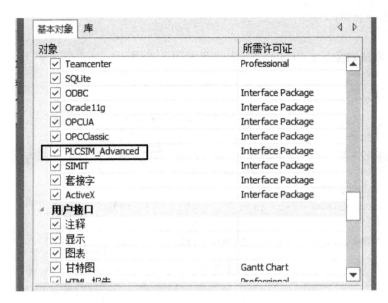

图 3-21　添加 "PLCSIM_Advanced" 接口

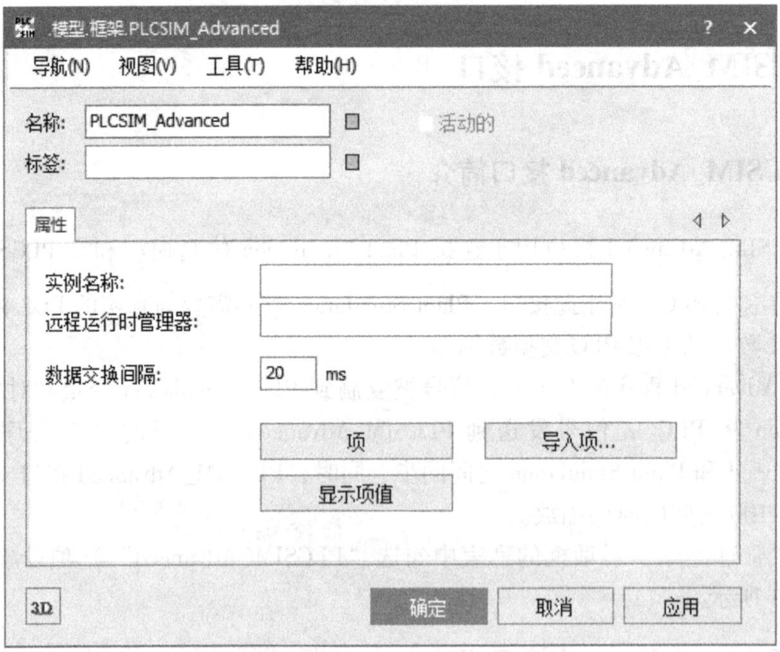

图 3-22　"PLCSIM_Advanced" 对话框

用运行时管理器，应将此文本框留空。运行时管理器建立与 PLCSIM Advanced 程序的连接。
SimTalk 源代码如下：

　　MyPLCSIM. ServerName：= " 123. 456. 789. 101：2345"

　　3）数据交换间隔：输入数据交换间隔的值。这是在仿真模型实时运行时，PLCSIM_Advanced 接口与虚拟 PLC 交换数据的时间跨度（以 ms 为单位）。

输入 0 时，Plant Simulation 会在虚拟 PLC 中设置运行模式为 SingleStep（单步），并在虚拟 PLC 的每个循环后交换数据。在数据交换期间，虚拟 PLC 处于冻结模式，这可确保在下一个循环开始之前完全传输所有数据，也会导致虚拟时间在数据交换期间保持不变，因此虚拟时间比实时时间慢。Plant Simulation 将仿真时间与虚拟 PLC 同步，因此仿真模型运行速度比实时速度慢。可通过方法对象来控制数据的交换间隔时间，SimTalk 源代码如下：

MyPLCSIM. DataExchangeInterval: = 20

4）项：单击此按钮打开输入 PLCSIM 项目的表，可以手动填写表格，也可以导入项目，表中的每一行代表一个组。

5）导入项：若要导入虚拟 PLC 提供的所有项目，则单击此按钮。为此，必须首先激活连接，然后，Plant Simulation 会为这些项目创建组。与此同时，还可以在组之间创建新组和复制项目，以实现比 PLC 提供的更方便的信号分组。打开的表格会显示与正在运行的虚拟 PLC 的连接处于活动状态的当前数据项值。

6）显示项值：若要打开一个显示自定义项值的表，则单击此按钮。双击打开的表中的组名，以便 Plant Simulation 显示该组项的值。

2. "项"表格操作

单击"项"按钮会打开一个表格，如图 3-23 所示。

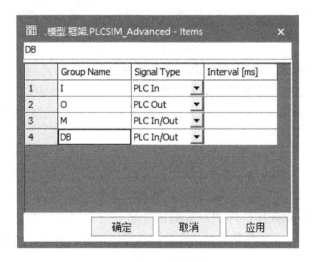

图 3-23 项值表格

1）在"Group Name"列输入组的名称。

2）在"Signal Type"列选择要包含的信号类型。

3）"PLC In"信号是 PLC 的输入信号，可以用方法对象为此类信号赋值。

4）"PLC Out"信号是 PLC 的输出信号，可以用方法对象查询此类信号的值，但无法赋值。

5）Plant Simulation 在数据交换间隔结束后交换数据。可以通过在"Interval"列的单元格中输入一个大于数据交换间隔的值来延长时间。如果输入 0 或小于数据交换间隔的值，则 Plant Simulation 将在每次数据交换间隔后再次交换信号和数据。

6）完成表格数据编辑后，单击“应用”按钮。

3. “Group Name”子表

1）双击“Group Name”列的单元格，或者单击单元格后按〈F2〉键打开该组项目的子表，然后在子表中定义该组的项目。可以输入子表的项目取决于正在使用的虚拟 PLC 中运行的程序，子表如图 3-24 所示。

2）将虚拟 PLC 中的项目名称输入到“Identifier”（标识符）列中。

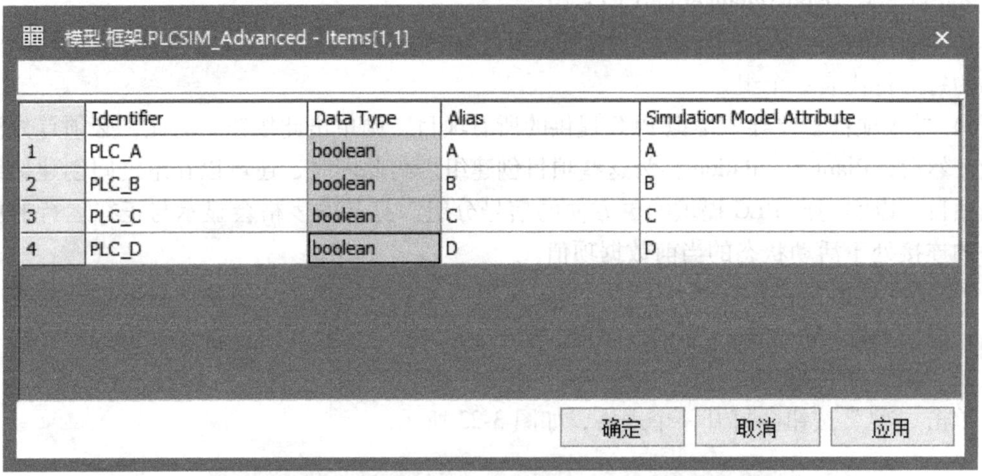

	Identifier	Data Type	Alias	Simulation Model Attribute
1	PLC_A	boolean	A	A
2	PLC_B	boolean	B	B
3	PLC_C	boolean	C	C
4	PLC_D	boolean	D	D

图 3-24　子表

3）在“Alias”列中输入项目的别名。在方法对象中，使用此别名来寻找元素。“Alias”列输入的内容必须满足用户定义名称的命名规则。

4）在“Simulation Model Attribute”（仿真模型属性）列单元格中输入要将虚拟 PLC 中的值同步到对象属性的名称。

4. 属性赋值

对于 PLC In 信号，Plant Simulation 会将仿真模型对象的属性值传输给虚拟 PLC 的输入信号。对于 PLC Out 信号，Plant Simulation 会将虚拟 PLC 的输出信号值分配给仿真模型对象的属性。PLCSIM_Advanced 接口将 PLC 数据值复制到指定的属性中，还可以在同一列中添加方法对象。Plant Simulation 在新数据值到达时执行回调方法对象，新值作为参数传递给方法对象，SimTalk 源代码如下：

```
param value:any
--切换 Belt 2 的开关
if value
    Belt2. speed:=2
else
    Belt2. speed:=0
end
```

使用 Alias 从方法对象中读取 PLC 项目值以寻址相关项目的 SimTalk 源代码如下：

```
myVariable:=PLCSIM. setOnBeltActive
```

如果在仿真模型中为属性指定方法对象，则 Plant Simulation 将执行 PLC In 信号的方法对象并将结果传输给虚拟 PLC。对于 PLC Out 信号，Plant Simulation 将调用该方法并将输出信号的值作为参数传递给方法对象。

可以在 "Simulation Model Attribute" 列中映射 Plant Simulation 中变量或复选框类型的对象的属性。PLCSIM_Advanced 接口将此对象的仿真数据值传输到图 3-23 所示 "Items" 表的 "Identifier" 列中，并对目标项目进行寻址，也可以使用相应的 "Alias" 列名称为方法对象分配一个值来完成相关项的寻址，SimTalk 源代码如下：

PLCSIM. BufferAlias：= true

5. 组名称含义

将 PLC 变量从 PLCSIM Advanced 程序导入 "PLCSIM_Advanced" 对话框时，Plant Simulation 会在图 3-23 所示 "Items" 表中添加四个组，组名称含义如下。

1) I：从 Plant Simulation 对象属性发送到虚拟 PLC 的数据和信号。

2) O：从虚拟 PLC 发送到 Plant Simulation 对象属性或回调方法对象的数据和信号。

3) M：虚拟 PLC 中的标记变量。Plant Simulation 可以读取和写入这组信号。

4) DB：PLC 数据块中的数据。Plant Simulation 可以读取和写入这组信号。

读取和写入信号的 SimTalk 源代码如下：

getItems   --返回在"Items"表中定义的项,并将它们写入表中

var MyItemsTable：table

MyPLCSIM. getItems(MyItemsTable)

setItems   --设置"Items"表中的项

MyPLCSIM. setItems(MyItemsTable)

3.5　Oracle11g 接口

3.5.1　Oracle11g 接口简介

Oracle11g 接口用于与外部 Oracle 数据库建立连接。应用此接口，Plant Simulation 可以与本地计算机能够访问的计算机网络中的任何 Oracle 数据库服务器建立连接。Oracle11g 接口最多可以与不同的数据库服务器建立六个并发连接，还可以为类库中的每个连接复制 Oracle11g 接口对象。

需要注意的是，Tecnomatix Plant Simulation 13.1 支持 Oracle Netclients 11g 版本访问 Oracle 数据库，Oracle Netclient 11g 还可以访问 10. x 版或更早版本的 Oracle 数据库。如果使用 Oracle SQL * Net Netclient，则必须将其安装在运行 Plant Simulation 的计算机上。在 Oracle 管理中，必须配置 Netclient，以便访问包含要使用的数据的数据库。当显示错误消息时，则应查阅 Oracle 数据库附带的文档。

可以在 "管理类库" 对话框的列表中勾选 "Oracle11g" 选项添加该接口对象，如图 3-25 所示。

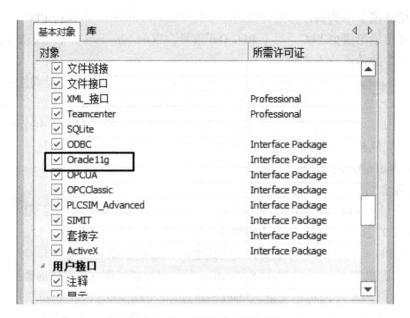

图 3-25　添加"Oracle11g"接口

3.5.2　Oracle11g 接口用法

双击"Oracle11g"图标打开其对话框，如图 3-26 所示。

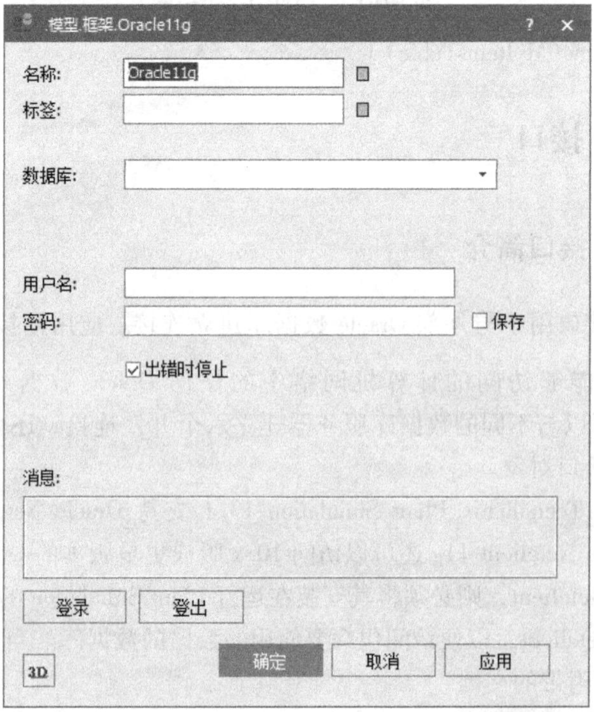

图 3-26　"Oracle11g"对话框

"Oracle11g" 对话框与 "ODBC" 对话框相似，使用时同样要登录数据库。

"数据库" 下拉列表框：用于指定计算机网络中 Oracle 服务器的名称，以 SQL*Net 确定格式；在没有安装 Oracle 的情况下，此下拉列表框是没有可以选择的数据库的。若想使用默认服务器，则无需输入任何内容，默认服务器通常是本地服务器。

"出错时停止" 复选框：如果发生 SQL 错误，Plant Simulation 会在打开调试器时设置 "Error Stop" 属性。当 "Stop on Errors/ErrorStop" 处于活动状态时，Plant Simulation 会停止执行该方法对象并在调试器中显示错误。当 "Stop on Errors/ErrorStop" 未激活时，Plant Simulation 不会停止执行该方法对象。"sql" 语句会将错误的编号作为整数值返回，以更正源代码。

由于这个接口并不是很常用，有关于它的用法并不是很多，因此不多展开介绍。

3.6 OPCUA 接口

3.6.1 OPCUA 接口简介

OPCUA 接口是 Plant Simulation 与控制和自动化技术系统之间的接口，用于访问和交换数据。它允许通过 OPC（开放平台通信）统一架构访问过程监视器，例如 PCL 控件通过 OPCUA 接口用作客户端，可以读取和写入控制变量和 PLC 控件的信号。

应该在 Plant Simulation 中实时运行仿真，因为控件使用实时定时器而不提供快进功能。当 PLC 将变量值设置为 true 时，Plant Simulation 会调用一个回调方法对象，可以利用其 SimTalk 源代码控制 Plant Simulation 对外部应用程序的值做出反应。要使用 OPCUA 接口，则本地客户端上必须装有支持 OPC 架构的软件，如 SIMATIC_NET_PC_Software（西门子软件）、Kepware 等软件。

可以在 "管理类库" 对话框的列表中勾选 "OPCUA" 来添加该接口对象，如图 3-27 所示。

图 3-27 添加 "OPCUA" 接口

3.6.2　OPCUA 接口用法

1. OPCUA 接口使用要求

要与 PLC 进行数据交换，则必须满足如下三方面的要求。

1）本地客户端的以太网 IP 要与局域网所在网段一致。例如，局域网的 IP 网段为 192.168.1.1，本地客户端的 IP 就要设置为 192.168.1.xx。

2）PLC 中要添加 PC 站与 PLC 相连，PC 站的 IP 要与本地客户端一致。

3）本地客户端要配置 OPC 站的参数，使之与 PLC 中添加 OPC 的插口相同。

2. OPCUA 接口使用步骤

1）修改本地客户端的以太网 IP。

在计算机中打开网络设置页面，选择"更改适配器选项"选项，右击"以太网"图标，在弹出的菜单中选择"属性"选项，弹出的"以太网属性"对话框如图 3-28 所示。

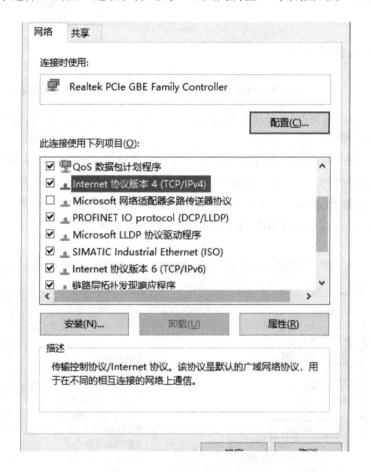

图 3-28　"以太网属性"对话框

找到"Internet 协议版本 4（TCP/IPv4）"选项并双击，弹出的"Internet 协议版本 4（TCP/IPv4）属性"对话框如图 3-29 所示。选中"使用下面的 IP 地址"选项，因本例局域网的 IP 地址为 192.168.1.1，故将图 3-30 所示对话框中的"IP 地址"设置为"192.168.1.66"，

"子网掩码"改为"255.255.255.0",则本地客户端与局域网的网段相一致。更改完成后单击"确定"按钮即可。

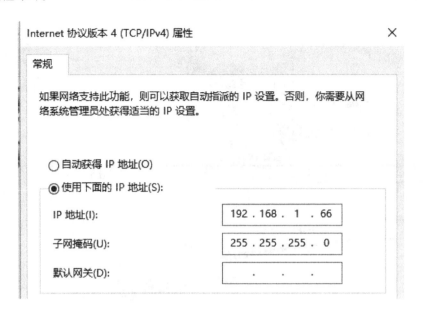

图 3-29 更改本地客户端 IP

2）在 PLC 中添加 PC 站。

打开"TIA 博图"软件并打开一个项目，在项目视图中添加一个 PC station，再添加一个 OPC 服务器和一个常规 IE 网口，如图 3-30 所示。

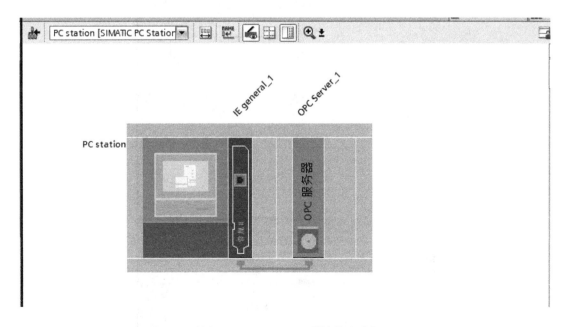

图 3-30 添加 PC station、OPC 服务器和常规 IE 网口

双击 IE 网口，在下方的"PROFINET interface［Module］"区域的"常规"选项卡中找到"以太网地址"这个选项，将以太网 IP 地址改为与本地客户端相同的 IP 地址，如图 3-31 所示。

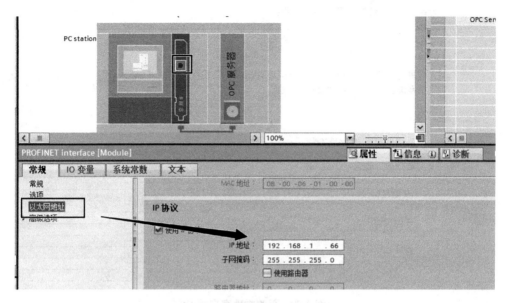

图 3-31 修改 IE 的以太网地址

单击展开"设备视图"选项卡，在"设备概览"区域单击"IE general_1"或"OPC Server_1"图标查看 IE 或 OPC 的插口信息，如图 3-32 所示。

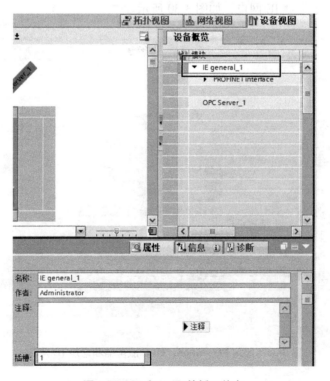

图 3-32 IE 和 OPC 的插口信息

查看完毕后，单击展开"网络视图"选项卡，将 PC station 和 PLC 以 S7 连接的连接方式连接起来，如图 3-33 所示。

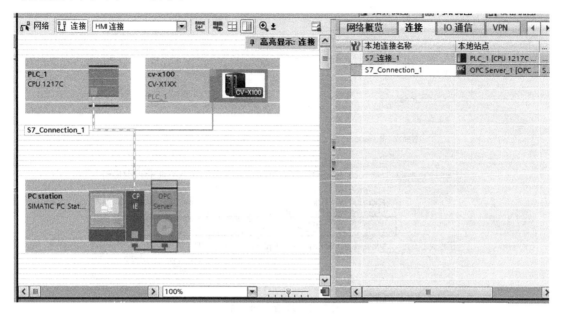

图 3-33 连接 PC station 和 PLC

此时 PLC 方面的准备工作已经完成。

3）本地客户端设置 OPC 参数。

打开"Station Configuration Editor"对话框，如图 3-34 所示。

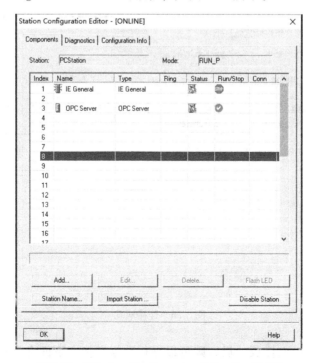

图 3-34 "Station Configuration Editor"对话框

根据步骤 2）的插口信息，为对应的插口添加 IE 和 OPC 服务。在添加 IE 服务时，要选择以太网卡，如图 3-35 所示。设置完毕后单击"OK"按钮即可。

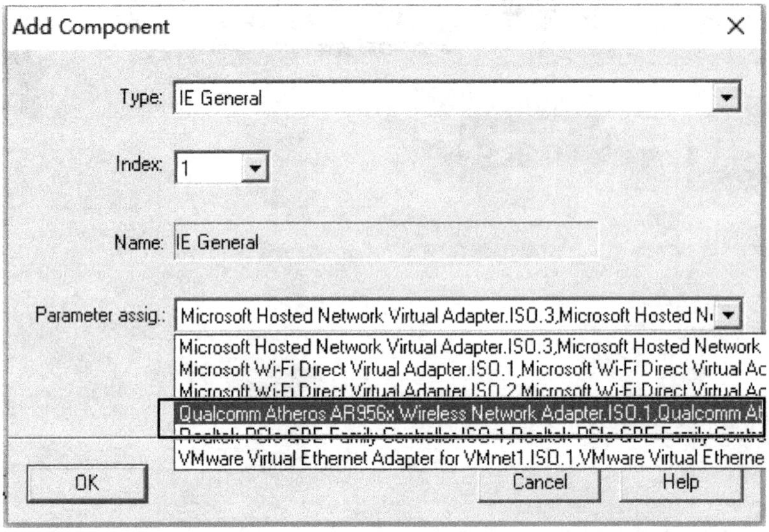

图 3-35　IE 的网卡选择

设置完成后，需要在 PLC 中将 PC station 下载到本地客户端中，下载完成后打开"Station Configurator Editor"对话框，此时可见"OPC Server_1"行的"Conn"列出现一个插头形状的图标，这代表本地客户端与 PLC 的连接已经成功，如图 3-36 所示。

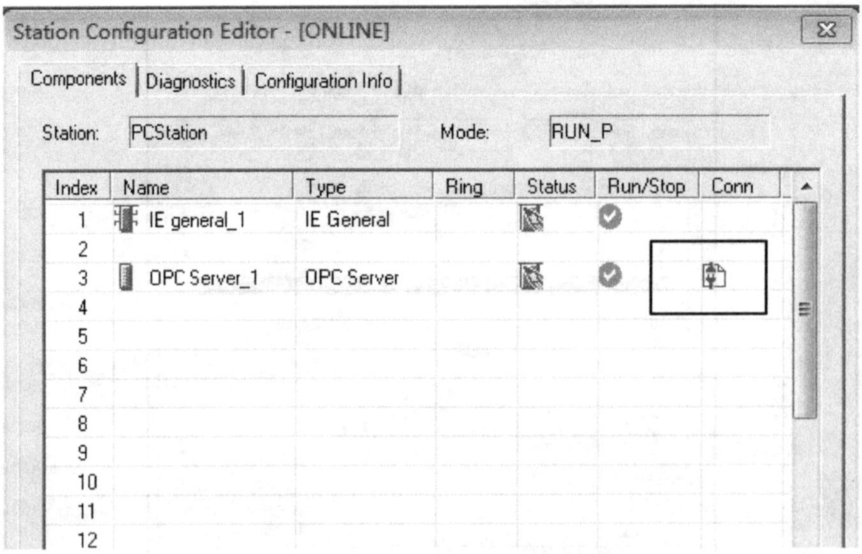

图 3-36　连接成功

本地客户端与 PLC 连接成功后，则可以进行数据交换，下面介绍如何在 PLC 与 Plant

Simulation 中进行数据交换。

3. "OPCUA"对话框

双击"OPCUA"接口图标打开其对话框，该对话框有"属性""通信统计信息""用户定义"三个选项卡，如图 3-37 所示。

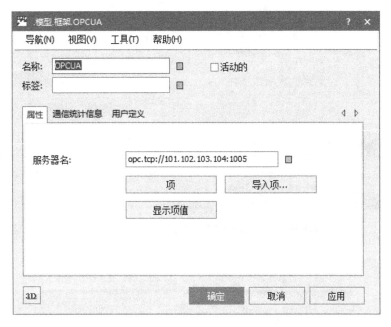

图 3-37 "OPCUA"对话框

（1）"属性"选项卡

1）"服务器名"文本框：必须在 OPC 服务器的 IP 地址文本框中设置服务器名，以便可以与服务器建立连接。服务器名可以通过支持 OPC 架构的软件查看，如前面提到的 SIMATIC_NET_PC_Software（西门子软件）、Kepware 等软件。下面以 SIMATIC_NET_PC_Software（OPC）为例进行讲解。

① 打开 OPC Scout V10，其界面如图 3-38 所示。

② 在左侧列表框中找到"UA server"选项，在其下拉列表中可以看到几个服务器的 IP，一般用其中带"S7"字样的 IP，如图 3-39 所示。找到目标服务器名后，将该名称完整地复制粘贴到图 3-37 所示对话框的"服务器名"文本框中。需要注意的是，名称必须完全复制过来，否则会报错。

③ 从图 3-38 可以看出，"Local COM server"下有红字显示的选项（扫描图 3-38 旁二维码查看彩图），这说明 OPC 的连接出现了问题，这是因为在本地客户端没有设置 OPC 的相关参数，设置 OPC 参数的方法在前面已经介绍过，设置完成后就可以正常使用了。

2）"项"按钮：单击该按钮打开"Items"（项）表格，如图 3-40 所示。可在其单元格中输入名称或数据，以便将信号分组并设置读写的间隔时间，也可以将信号都分在一组中。"Group Name"表示组别的名称，可以任意命名，但要遵守 Plant Simulation 的命名规则；"Namespace"表示名称空间，一般不用填写；"Read Interval"表示读数据的时间间隔，

"Write Interval" 表示写数据的时间间隔。

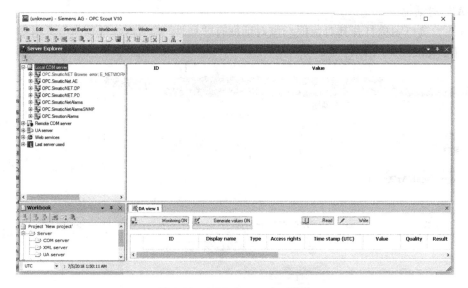

图 3-38　OPC Scout V10 界面

（扫描二维码
查看彩图）

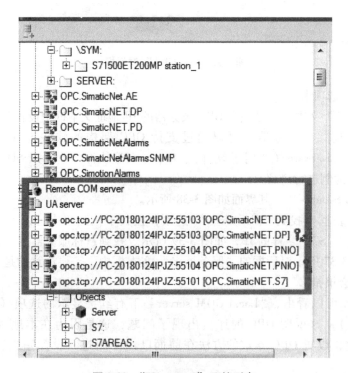

图 3-39　"UA server" 下拉列表

按图 3-40 所示输入数据，单击"应用"按钮后双击"TEST"单元格打开它的子表，弹出的表格如图 3-41 所示。

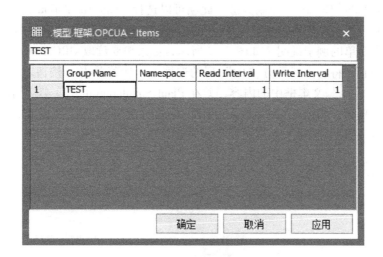

图 3-40 "项"按钮打开的"Items"表格

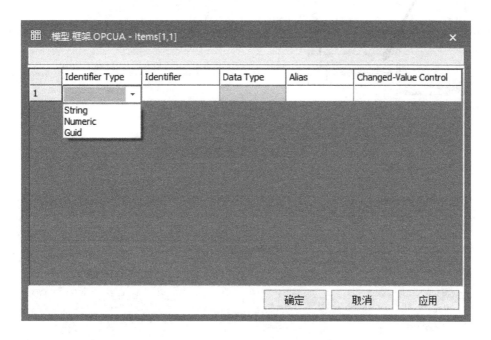

图 3-41 双击"TEST"单元格打开的子表

① Identifier Type：标识符类型，其下拉列表框中有"String""Numeric""Guid"三个选项，在从 OPC 交换数据过来的时候，在 OPC Scout 中会显示数据类型，根据该类型选择对应的类型即可。

② Identifier：标识符，指交换信号的名称，也可以从 OPC Scout 复制过来。

③ Data Type：数据类型，此项不用填写，系统会自动识别。

④ Alias：信号标识符名称的别称。因为复制过来的标识符的名称一般都比较长，所以可以用一个简单的别名来代替，一般都用英文字母组合作为别名。

⑤ Changed-Value Control：控制方法，此项可以选择 Plant Simulation 模型中的方法对象来控制，一般此方法对象用来设置读取 PLC 的信号和在读取后进行相应的操作。

下面以一个简单的例子说明，如图 3-42 所示，如果想要读取 OPC Scout 中的 "AGV_1" 信号，首先选中它，将它拖到下方 "ID" 列的选框中，接着单击▦按钮就可以看到它的信息，然后复制 "Name" 文本框中的内容，并在 Plant Simulation 的图 3-41 所示表格的 "Identifier" 列中进行复制，如图 3-43 所示，可用同样的方法填写其他列内容，填写完后单击 "OK" 按钮即可。

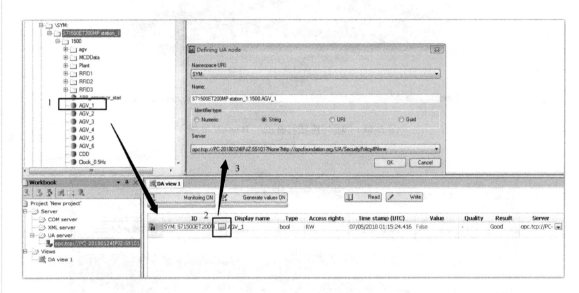

图 3-42 查看信号信息

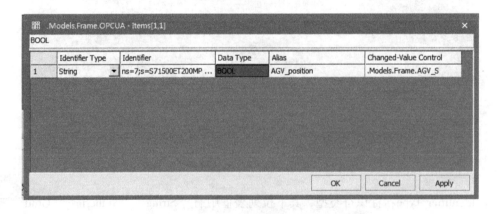

图 3-43 填写内容

（2）"通信统计信息" 选项卡 单击展开 "OPCUA" 对话框的 "通信统计信息" 选项卡，如图 3-44 所示，可以在这个选项卡中查看从服务器读取项和向服务器写入项的时间信息。

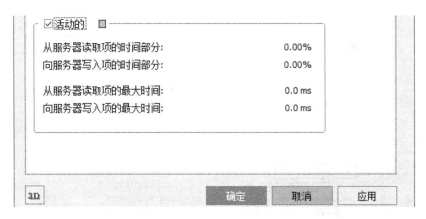

图 3-44 "通信统计信息"选项卡

3.7 OPCClassic 接口

3.7.1 OPCClassic 接口简介

OPCClassic 接口是 Plant Simulation 与控制和自动化技术系统之间的接口,用于访问和交换数据。Plant Simulation 可通过 OPC Classic 接口用作客户端,读取控制变量和 PLC 控制信号,并为其他应用程序提供数据。假设外部应用程序将变量的值设置为 true,则 Plant Simulation 可能会对出口控件做出反应,可以使用观测方法来响应外部应用程序提供的值。

需要注意的是:

1) OPCClassic 接口支持 OPC DA 2.0 和 DA 3.0。需要一个 64 位版本的 OPC 服务器。

2) 如果两台计算机上不存在相同的用户账号,则无法进行身份验证。要停用身份验证,则可以创建 DWORD 类型的注册表项,并为其分配值"1:HKEY_CURRENT_USER/Software/Tecnomatix/Tecnomatix Plant Simulation 14.0/Settings/RPC _ C _ AUTHN _ LEVEL _ NONE"。但需要注意,这可能会造成安全漏洞。

可以在"管理类库"对话框的列表中勾选"OPCClassic"添加该接口对象,如图 3-45 所示。

3.7.2 OPCClassic 接口用法

双击"OPCClassic"接口图标打开其对话框,如图 3-46 所示。因为 OPCClassic 接口与 OPCUA 接口的用法类似,下面只介绍两者的不同之处。

1) 与 OPCUA 接口不同的是,OPCClassic 接口的服务器是可以选择的,通常有 NET、DP、WinCCUA 等类型,最常用到的就是 NET 类服务器,可以单击"OPCClassic"对话框"服务器名"文本框后的 □ 按钮进行选择,如图 3-47 所示。

2) 选择好服务器后,单击"项"按钮打开"Items"表格,如图 3-48 所示。对比

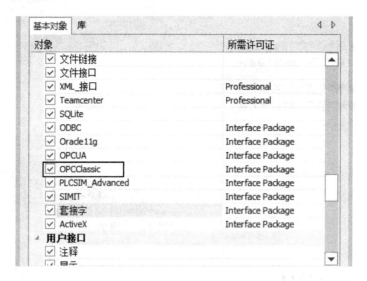

图 3-45 添加"OPCClassic"接口

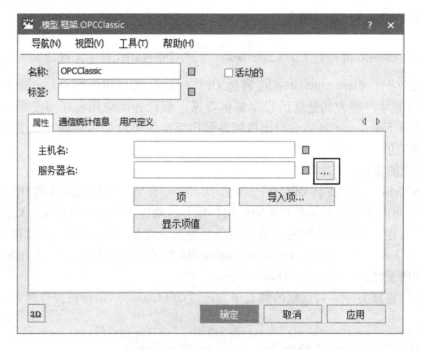

图 3-46 "OPCClassic"对话框

图 3-40 所示"Items"表格可以看到，OPCClassic 接口的"Items"表格没有"Namespace"列。

3）双击"TEST"单元格打开其子表，如图 3-49 所示。与 OPCUA 接口不同的是，这里的"Type"（类型）可以根据 PLC 的数据类型进行调整，但必须与 PLC 信号的类型相同。例如，PLC 中该信号的数据类型为"BOOL"，则此表的"Type"就要选择"BOOL"。

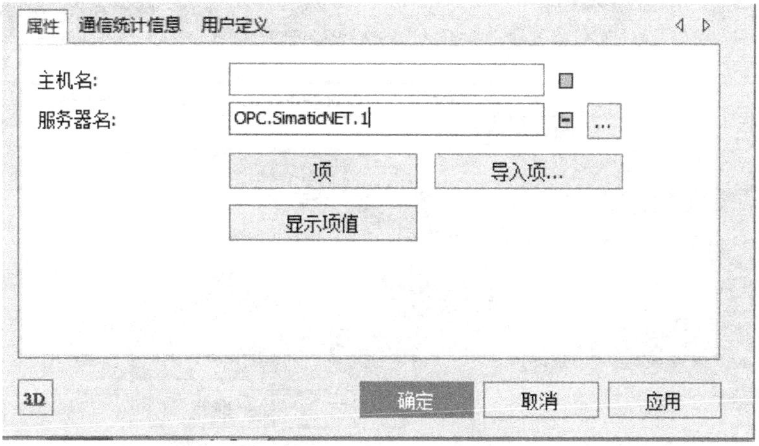

图 3-47　选择服务器

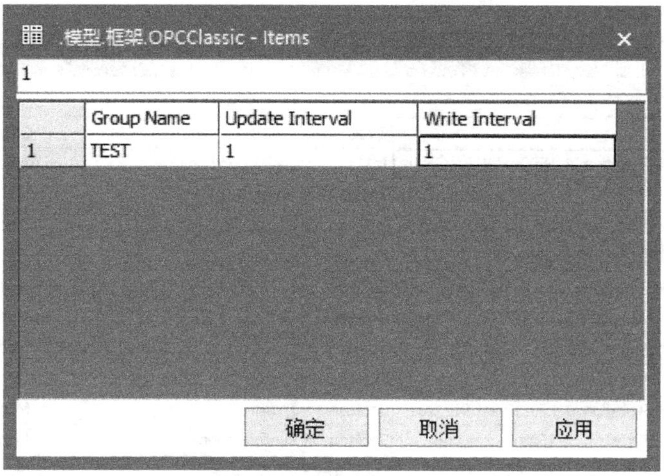

图 3-48　OPCClassic 接口的 "Items" 表格

其他编辑方法与 OPCUA 接口基本相同，也可以通过方法对象读取数据和在读取数据后执行指定动作。与 OPCUA 接口相同，可以向表格输入想要读取信号的数据，如图 3-50 所示。

例如，读取 AGV_A 的实时信号，则可以在方法对象中写入如下 SimTalk 源代码。

AGV_A：=OPCClassic. getItemValue（"AGV_A"）

--等号前的 "AGV_A" 为在 Plant Simulation 中设置的全局变量，可以随意设置

--等号后的 "AGV_A" 为 "Alias" 列中的 "AGV_A"，读取其他信号的语句与此类似

关于如何通过 OPC 连接 PLC 的方法在前面已经提到，此处不再赘述。

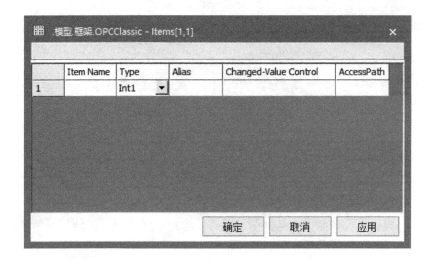

图 3-49 双击"TEST"单元格打开的子表

	Item Name	Type	Alias	Changed-Value Control
1	S71500ET200MP station_1.1500.AGV_6	Int1	AGV_position	.Models.Frame.AGV_S
2	S71500ET200MP station_1.1500.jialiaowanch	Boolean	shangliao_y	.Models.Frame.AGV_S
3	S71500ET200MP station_1.1500.quliaowanch	Boolean	quliao_y	.Models.Frame.AGV_S
4	S71500ET200MP station_1.1500.AGV_1	Boolean	AGV_A	.Models.Frame.AGV_S
5	S71500ET200MP station_1.1500.AGV_2	Boolean	AGV_B	.Models.Frame.AGV_S
6	S71500ET200MP station_1.1500.AGV_3	Boolean	AGV_C	.Models.Frame.AGV_S
7	S71500ET200MP station_1.1500.AGV_4	Boolean	AGV_D	.Models.Frame.AGV_S
8	S71500ET200MP station_1.1500.Plant.CK_OUT	Boolean	chuku	.Models.Frame.AGV_S
9	S71500ET200MP station_1.1500.Plant.RK_OUT	Boolean	ruku	.Models.Frame.AGV_S
10	S71500ET200MP station_1.1500.Lathe_door	Boolean	Lathe_open	.Models.Frame.Method
11	S71500ET200MP station_1.1500.CNC_door	Boolean	CNC_open	.Models.Frame.Method
12	S71500ET200MP station_1.1500.R1	Boolean	Lathe_put	.Models.Frame.Method
13	S71500ET200MP station_1.1500.R2	Boolean	Lathe_pick	.Models.Frame.Method
14	S71500ET200MP station_1.1500.R3	Boolean	CNC_put	.Models.Frame.Method
15	S71500ET200MP station_1.1500.R4	Boolean	CNC_pick	.Models.Frame.Method

图 3-50 输入数据

3.8 SIMIT 接口

3.8.1 SIMIT 接口简介

SIMIT 接口通过 SIMIT 提供 Plant Simulation 与过程控制设备（如 PLC 控制设备）

之间的接口。

SIMIT 是一个用于测试自动化软件的开放平台，利用技术流程的可扩展模型，可以确保自动化系统的正确运行，可得到更好的计划安全性、更紧密的执行时间表、更低的成本和更少的风险，以及更好的预算依从性和绝对符合要求的质量标准。

可以在"管理类库"对话框的列表中勾选"SIMIT"添加该接口对象，如图 3-51 所示。

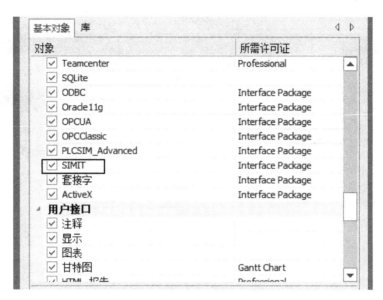

图 3-51 添加"SIMIT"接口

3.8.2 SIMIT 接口用法

1. "SIMIT"对话框

双击"SIMIT"图标打开其对话框，如图 3-52 所示。

SIMIT 接口与 OPC 类接口的对话框基本一致，下面介绍各选项的意义和用法。

共享内存名称：设置共享内存的名称，SIMIT 服务器必须与 SIMIT 接口在同一台计算机上运行。

更新间隔：设置 Plant Simulation 更新值的时间（以 ms 为单位），即从共享内存中读取它们并将它们写回的时间间隔。

2. SIMIT 接口"项"对象程序

单击"SIMIT"对话框的"项"按钮，弹出的"Items"表格如图 3-53 所示。

对比图 3-40 和图 3-48 所示 OPC 类接口的"Items"表格，可见 SIMIT 接口"Items"表格没有"Group Name"（组别）列，也就是说这里的数据不可以分组，只能都在一个组中，除了可以选择数据类型外，还可以选择输入和输出的方式。下面介绍有关"Item"表格数据的常用 SimTalk 语句。

1）getItems：用于返回在"Items"表中定义的项，并将它们写入表中。

--SimTalk 2.0 源代码如下

var MyItemsTable : table

simitinterface. getItems(MyItemsTable)

--SimTalk 1.0 源代码如下

    MyItemsTable：table；

do

    simitinterface. getItems(MyItemsTable) ；

end；

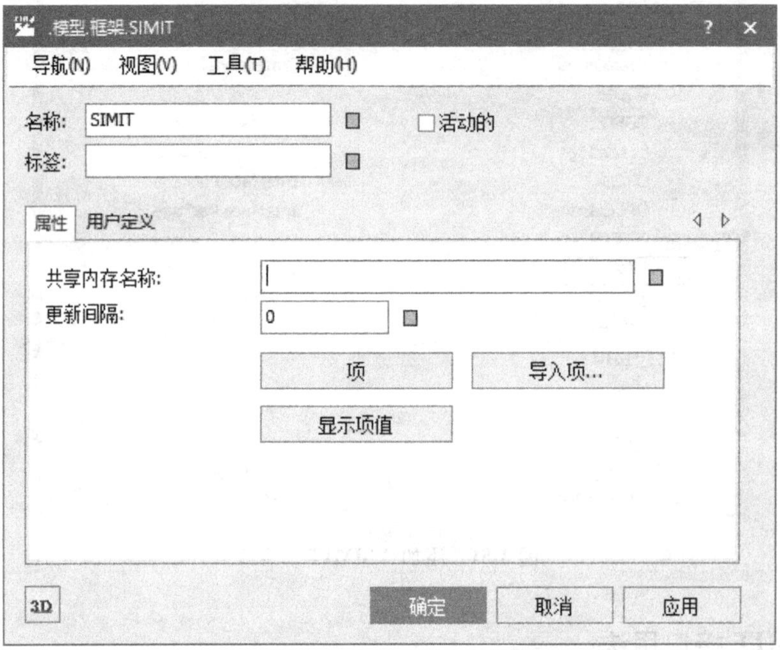

图 3-52 "SIMIT" 对话框

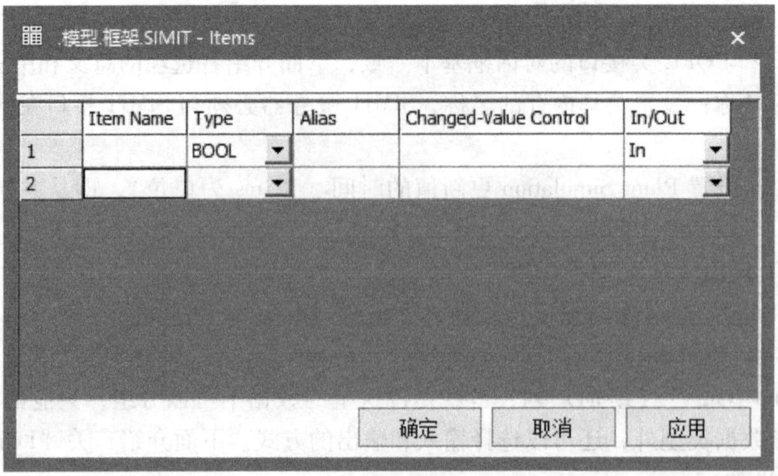

图 3-53 "Items" 表格

2）getItemsFromSimit：用于返回当前共享内存中的项。

-- SimTalk 2.0 源代码如下

var MySimitItemsTable：table

simitinterface. getItemsFromSimit(MySimitItemsTable)

-- SimTalk 1. 0 源代码如下

    MySimitItemsTable：table；

do

    simitinterface. getItemsFromSimit(MySimitItemsTable)；

end；

3）getItemValue：用于返回 PLC 中项目的当前值。例句如下。

print simitinterface. getItemValue("Random. INT4")；

print simitinterface. getItemValue("MyGroup｜MyAlias")；

4）setItems：用于设置"Items"表中的项。例句如下。

simitinterface. setItems("MyItemsTable")；

5）setItemValue：用于设置项的值。例句如下。

isimitinterface. setItemValue("Random. INT4" ,7)；

simitinterface. setItemValue("MyGroup｜MyAlias" ,5)；

3. SIMIT 数据类型

SIMIT 数据类型见表3-3。

表3-3　SIMIT 数据类型

SIMIT 的数据类型	类别	SIMIT 接口的数据类型
BOOL	—	BOOL
BYTE	UI1	BYTE
WORD	UI2	WORD
INT	I2	INT
DWORD	UI4	DWORD
DINT	I4	DINT
REAL	R4	REAL

3.9 Socket（套接字）接口

3.9.1 Socket（套接字）接口简介

套接字接口提供 Plant Simulation 与 TCP/IP 的接口，它可与其他具有套接字接口的应用程序通信。

套接字通信是最广泛的通信软件基础。套接字是在初始化期间建立的点对点连接，允许在线交换数据。由于套接字连接直接基于 TCP/IP 协议，因此可确保快速通信，而无需太多数据开销。使用套接字连接，一个进程用作服务器，其他进程注册为客户端。Plant Simulation 既可以是客户端，也可以是服务器。

可以在"管理类库"对话框的列表中勾选"套接字"添加该接口对象，如图 3-54 所示。

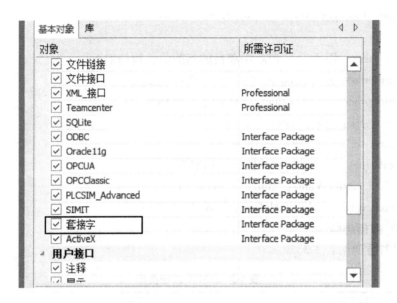

图 3-54 添加"套接字"接口

3.9.2 Socket（套接字）接口用法

下面介绍用套接字接口交换数据的步骤和方法。

1）在 Plant Simulation 建立一个框架并命名为"ClientSocket"。

2）向框架中添加服务器与客户端通信所需的对象，分别为一个套接字接口对象，三个方法对象和两个全局变量，将套接字接口对象重命名为"MyClientSocket"，将三个方法对象分别重命名为"MyCallbackMethod""sendMessages""SentByte"，将两个全局变量分别重命名为"MessageReceived"和"MessageSent"，如图 3-55 所示。

3）双击"MyClientSocket"图标打开其对话框，设置"协议"为"TCP"，如此选择，Plant Simulation 会建立一个传输数据的连接，TCP 协议会确保数据包到达目的位置。若"协议"选择"UDP"，则 Plant Simulation 可以在不建立连接的情况下交换数据，这样可以减少数据开销，但不能保证数据到达目的位置。将"回调方法"选择为"MyCallbackMethod"，并确保勾选"服务器套接字"选项。设置完成的对话框如图 3-56 所示。

4）"MessageReceived"和"MessageSent"全局变量用于记录已接收的消息和发送的消息。将它们的数据类型设置为字符串（string）型。

5）"sendMessages"方法对象用于发送消息，可在其内部生成用于发送的数据。例如，可以生成 0~100 之间的随机数，将此值写入变量（这里命名为"MessageSent"）并发送该值，则"sendMessages"方法对象的 SimTalk 2.0 源代码如下：

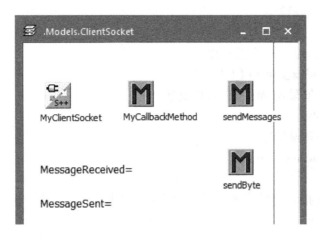

图 3-55 "ClientSocket" 框架

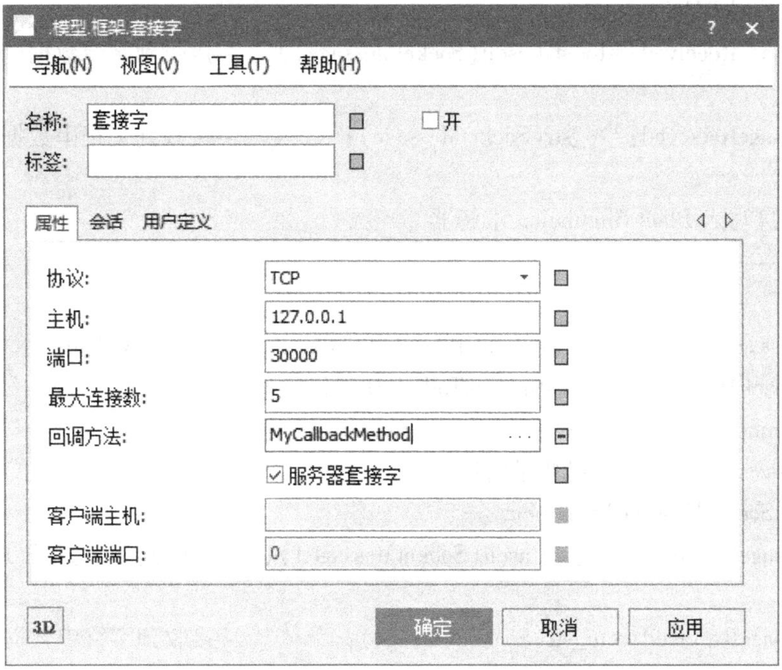

图 3-56 "套接字" 对话框

var str:string
--在 0 和 100 之间生成一个随机数
str:=to_str(round(z_uniform(1,0,100),1))
--将此随机数的值写入"MessageSent"变量
MessageSent:=str
--用 0 端口传输此段信息
MyClientSocket.write(0,str)
"sendMessages"方法对象的 SimTalk 1.0 源代码如下:

```
        str：string；
    do
    --在 0 和 100 之间生成一个随机数
    str：= to_str( round( z_uniform( 1,0,100) ,1) )；
    --将此随机数的值写入"MessageSent"变量
    MessageSent：= str；
    --用 0 端口传输此段信息
    MyClientSocket. write( 0,str)；
    end；
```

6）编写套接字接口接收数据时调用的回调方法，"MyCallbackMethod" 方法对象的 SimTalk 2.0 源代码如下：

```
param SocketchannelNo：integer；SocketMessage：string
--写"MessageReceived"全局变量的值
if strLen( SocketMessage)= 1
    MessageReceived：= to_str( ascii( SocketMessage) )；    --接收到字节数据( byte)
else
    MessageReceived：= to_str( SocketMessage)；              --接收到字符串数据( string)
end
--将此信息写入 Plant Simulation 求解器
print"----------------------------------------------------------------"
print self
print" Message：The number" ,MessageReceived," was received at" ,sysdate；
```

"MyCallbackMethod"方法对象的 SimTalk 1.0 源代码如下：

```
SocketchannelNo：integer；SocketMessage：string
--写"MessageReceived"全局变量的值
if strLen( SocketMessage)= 1 then
    MessageReceived：= to_str( ascii( SocketMessage) )；    --接收到字节数据( byte)
else
    MessageReceived：= to_str( SocketMessage)；              --接收到字符串数据( string)
end；
--将此信息写入 Plant Simulation 求解器
print"----------------------------------------------------------------"；
print self；
print" Message：The number" ,MessageReceived," was received at" ,sysdate；
end；
```

7）要传输数据，则右击"ServerSocket" 框架中的"sendMessages" 方法对象，然后在弹出的菜单中选择"Run" 选项，观察全局变量显示数值的变化情况。"MessageSent" 等号后显示"sendMessages" 方法对象计算出的数字"1.8"，并将其发送给"MessageReceived" 变量。还要检查控制台显示的内容。

8）然后，右击"ServerSocket"框架中的"sendMessages"方法对象，然后在弹出的菜单中选择"Run"选项，观察全局变量显示数值的变化情况。"MessageSent"等号后显示"sendMessages"方法对象计算出的数字"72.878"，并将其发送到"MessageReceived"变量。还要检查控制台显示的内容。

具体内容如图 3-57 所示。

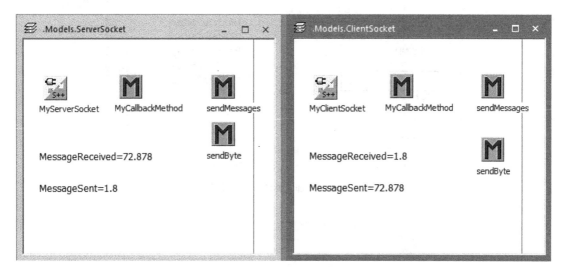

图 3-57 数据的传输

3.10 ActiveX 接口

3.10.1 ActiveX 接口简介

ActiveX 接口允许在应用程序中激活对象（ActiveX 控件或其他 COM 对象），并使用定义的接口与这些对象交换数据。可以使用 ActiveX 接口在 Plant Simulation 框架中嵌入 ActiveX 控件或其他对象，或者在外部应用程序窗口中显示内容，还可以通过信息流访问 ActiveX 控件或其他 COM 对象。

可以从各种 ActiveX 控件中进行选择，也可以自行开发，只要拥有适当的开发工具，如 Microsoft Visual C ++、Microsoft Visual Basic 等。例如，Windows 中使用的 Internet 资源管理器和媒体播放器使用的就是 ActiveX 控件。ActiveX 控件必须在操作系统中注册，以便使用。在 Plant Simulation 中，只能使用 64 位 ActiveX 控件。

可以在"管理类库"对话框的列表中勾选"ActiveX"选项添加该接口对象，如图 3-58 所示。

3.10.2 ActiveX 接口用法

1. "ActiveX" 对话框

双击"ActiveX"接口图标打开其对话框，如图 3-59 所示。

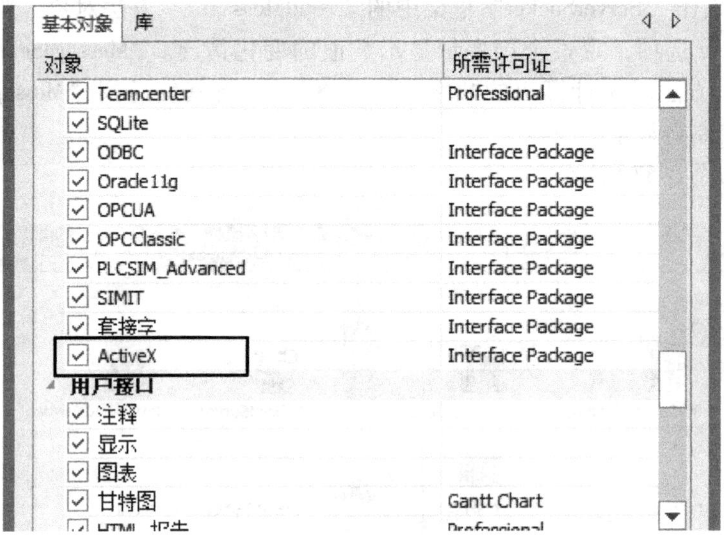

图 3-58　添加"ActiveX"接口

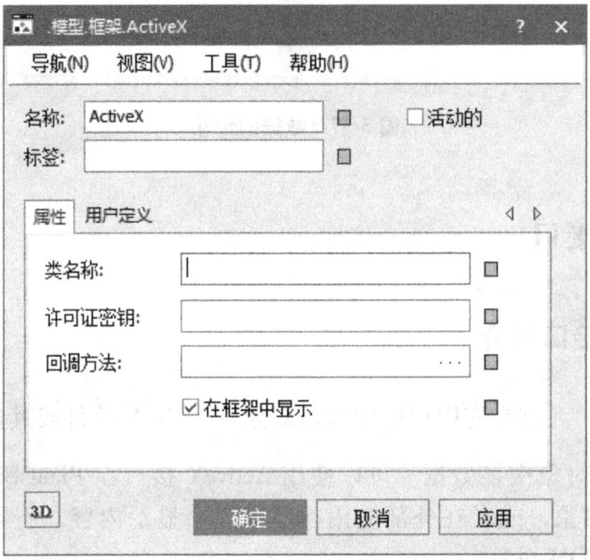

图 3-59　"ActiveX"对话框

类名称：为不同类型的应用程序设置类名称。例如，可以为 Microsoft Excel 输入 "excel. application"，为 Microsoft Word 输入 "word. application"，或者为 Microsoft Access 输入 "access. application"。

许可证密钥：如果 ActiveX 控件需要许可证密钥，则在此处输入。通常不必输入许可证密钥。

回调方法：只要 ActiveX 控件触发事件，程序就会调用此处设置的方法。回调方法对象的例句如下。

-- SimTalk 2.0 源代码如下：

```
param event:integer, a, b, c, d:any
if event = 1
    print MyActiveX. PercentDone
end
```

--SimTalk 1.0 源代码如下：

```
event:integer; a, b, c, d:any
do
    if( event = 1) then
        print MyActiveX. PercentDone;
    end;
end;
```

用户可以像调用 Plant Simulation 中的任何属性或方法一样调用激活的 ActiveX 控件的属性和方法。如果 ActiveX 和 Plant Simulation 属性和方法具有相同的名称，则 ActiveX 属性优先。

2. ActiveX 特色功能

下面介绍 ActiveX 的几个特色功能。

1) Invoke：如果 ActiveX 控件的类型信息不可用，Plant Simulation 将通过辅助方法调用方法对象，从而阻止由用户直接调用方法对象。"Method of data type any" 语句指定方法的名称或方法的 ID，所有其他数据类型的参数将被传递给被调用的方法。例句如下：

MyActiveX. invoke("Navigate" , "www. siemens. com") ;

MyActiveX. invoke(104, "www. siemens. com") ;

注意：在调用过程中，使用属性或方法的 ID 会稍微快一些，否则 Plant Simulation 必须首先找到属性或方法名称的 ID。

2) Overview：返回 "ActiveX 类" 概述表，也可以通过 "视图" 菜单打开该表，"ActiveX 类" 概述表如图 3-60 所示。

3) putParam：用于设置 ActiveX 控件的参数（名称或 ID）。例句如下：

print MyActiveX. putParam("FileName" , "C :\temp\t. txt") ;

　　print MyActiveX. putParam(3, "C :\temp\t. txt") ;　　-- 3 表示"FileName"属性的 ID

4) getParam：返回 ActiveX 控件参数的内容。例句如下：

print MyActiveX. getParam("FileName") ;

　　print MyActiveX. getParam(3) ;　　　　　　　　　　　--3 表示"FileName"属性的 ID

3. ActiveX 数据类型

Plant Simulation 和 ActiveX 使用的数据类型不相同，可根据表 3-4 和表 3-5 转换数据类型。不支持将参数作为参考传递（VT_BYREF）。

表 3-4　Plant Simulation 向 ActiveX 数据类型转换

Plant Simulation 数据类型	ActiveX 数据类型
整数（integer）	VT_I2
实数（real）	VT_R8

（续）

Plant Simulation 数据类型	ActiveX 数据类型
长度（length）	VT_R8
重量（weight）	VT_R8
速度（speed）	VT_R8
时间（time）	VT_R8
布尔型（boolean）	VT_BOOL
字符串（string）	VT_BSTR
其余	VT_BSTR

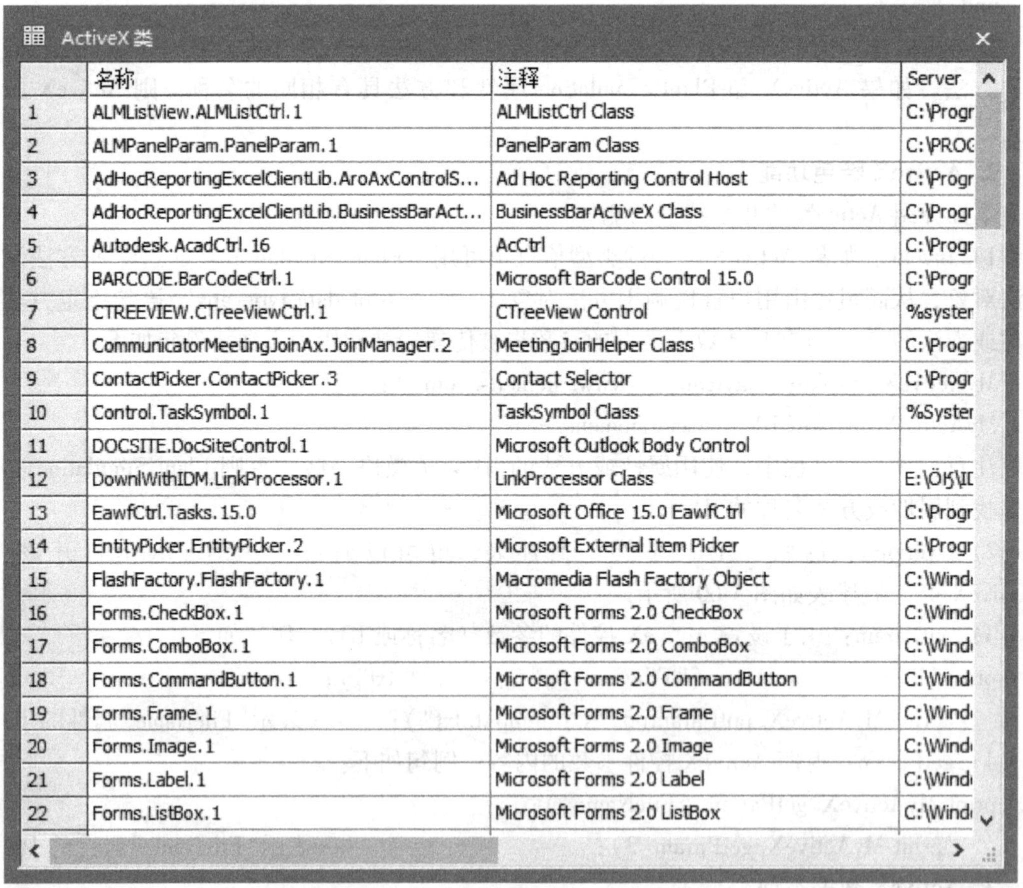

	名称	注释	Server
1	ALMListView.ALMListCtrl.1	ALMListCtrl Class	C:\Progr
2	ALMPanelParam.PanelParam.1	PanelParam Class	C:\PROG
3	AdHocReportingExcelClientLib.AroAxControlS...	Ad Hoc Reporting Control Host	C:\Progr
4	AdHocReportingExcelClientLib.BusinessBarAct...	BusinessBarActiveX Class	C:\Progr
5	Autodesk.AcadCtrl.16	AcCtrl	C:\Progr
6	BARCODE.BarCodeCtrl.1	Microsoft BarCode Control 15.0	C:\Progr
7	CTREEVIEW.CTreeViewCtrl.1	CTreeView Control	%syster
8	CommunicatorMeetingJoinAx.JoinManager.2	MeetingJoinHelper Class	C:\Progr
9	ContactPicker.ContactPicker.3	Contact Selector	C:\Progr
10	Control.TaskSymbol.1	TaskSymbol Class	%Syster
11	DOCSITE.DocSiteControl.1	Microsoft Outlook Body Control	
12	DownlWithIDM.LinkProcessor.1	LinkProcessor Class	E:\ÖЋ\II
13	EawfCtrl.Tasks.15.0	Microsoft Office 15.0 EawfCtrl	C:\Progr
14	EntityPicker.EntityPicker.2	Microsoft External Item Picker	C:\Progr
15	FlashFactory.FlashFactory.1	Macromedia Flash Factory Object	C:\Wind
16	Forms.CheckBox.1	Microsoft Forms 2.0 CheckBox	C:\Wind
17	Forms.ComboBox.1	Microsoft Forms 2.0 ComboBox	C:\Wind
18	Forms.CommandButton.1	Microsoft Forms 2.0 CommandButton	C:\Wind
19	Forms.Frame.1	Microsoft Forms 2.0 Frame	C:\Wind
20	Forms.Image.1	Microsoft Forms 2.0 Image	C:\Wind
21	Forms.Label.1	Microsoft Forms 2.0 Label	C:\Wind
22	Forms.ListBox.1	Microsoft Forms 2.0 ListBox	C:\Wind

图 3-60 “ActiveX 类”概述表

表 3-5 ActiveX 向 Plant Simulation 数据类型转换

ActiveX 数据类型	Plant Simulation 数据类型
VT_UI1，VT_BYREF | VT_UI1	整数（integer）
VT_I2，VT_BYREF | VT_I2	整数（integer）

（续）

ActiveX 数据类型	Plant Simulation 数据类型
VT_I4，VT_BYREF │ VT_I4	整数（integer）
VT_R4，VT_BYREF │ VT_R4	实数（real）
VT_R8，VT_BYREF │ VT_R8	实数（real）
VT_BOOL，VT_BYREF │ VT_BOOL	布尔型（boolean）
VT_BSTR，VT_BYREF │ VT_BSTR	字符串（string）
VT_ERROR	字符串（string），Plant Simulation 调试器中的错误信息
其余	空白（void）
VT_I2，VT_BYREF │ VT_I2	整数（integer）

3.11 XML 接口

3.11.1 XML 接口简介

XML 接口用于读取和存储在 XML 文件中的数据。一般情况下，XML 文档包含 ASCII 格式的数据，即以某种方式构造的文本。例如，可以使用 XML 接口读取从 Process Designer 或 XML 数据库导出的数据，并且可以将读取的数据用于 Plant Simulation 中的模型仿真。之后，可以使用 write 和 writeElement 语句将仿真结果写回 XML 文件，并继续在 Process Designer 或其他程序中使用这些仿真结果。

3.11.2 XML 接口用法

在 Plant Simulation 中使用 XML 接口时，除一般的方法和属性外，广泛使用 XPath（XML 路径语言）指令。

1. "XMLInterface" 对话框

"XMLInterface" 对话框如图 3-61 所示。

File name：如果要导入数据，则向该文本框输入 XML 接口打开的 XML 文件的文件名。导出数据时，该文本框指定要保存的文件的文件名。

Context：该文本框用于输入要导入的数据的上下文。输入的上下文指定 XML 接口开始读取数据的 XML 文档结构的节点。例如，可以输入某些数据的名称或目标对象的名称，如 "Data/Objects"（数据/对象），便可以限制要读取的数据。换言之，如果不需要使用 XML 文件中包含的所有数据，则用此文本框来限制目标数据。此文本框为空时，XML 接口将导入整个 XML 文件，该文件可能包含无用信息在内的大量数据，导入过程可能大量占用计算机 RAM。

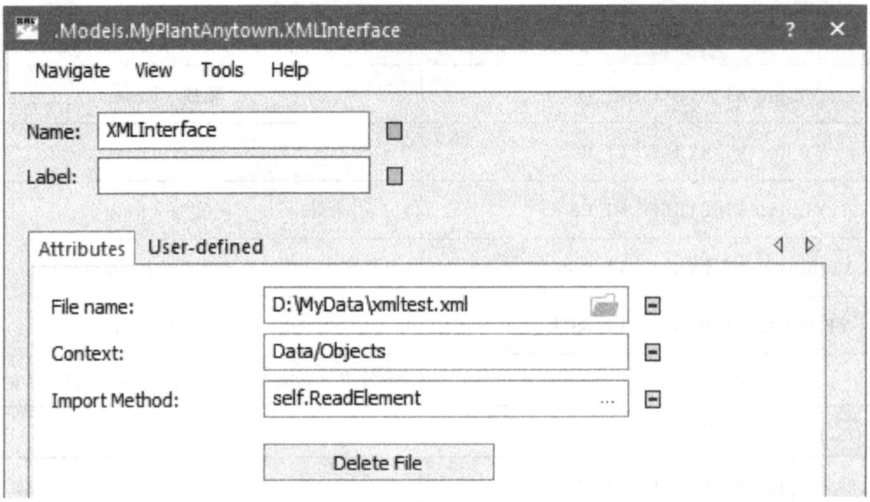

图 3-61 "XMLInterface" 对话框

Import Method：单击 └┄┘ 按钮以选择需要导入的方法对象的路径和名称，或者向该文本框输入如何提取和顺序处理导入数据的方法语句。若要逐行按顺序读取数据，则在该文本框输入相应的语句，Plant Simulation 会立即逐行处理该数据。若要限制要导入的数据量，则在"Context"文本框输入相关的上下文。

2. 编写 XML 文件

下面用一个示例来说明如何编写一个 XML 文件，该 XML 文件存入一本书的作者、定价、出版日期、描述等信息。

1）SimTalk 2.0 源代码如下：

```
XMLInterface. FileName: = "D: \MSXML 4. 0\writeSequentially. xml"
--打开 XML 文档以进行连续写入
XMLInterface. openWrite
XMLInterface. startElement( "catalog" )
    XMLInterface. startElement( "book" )
    --为"book"项目添加属性
    XMLInterface. addAttribute( "id" ,"bk01" )
    XMLInterface. addAttribute( "xmlns" ,"myBooks" )
    XMLInterface. addAttribute( "xmlns:aa" ,"specAth" )
    --这些都是"book"项的子项
    XMLInterface. writeElement( "aa:author" ,"Gambardella,Matthew" )
            --为"author"项添加属性
            XMLInterface. addAttribute( "age" ,"16" )
            XMLInterface. writeElement( "title" ,"XML Developer' s Guide" )
            XMLInterface. writeElement( "genre" ,"Computer" )
            XMLInterface. writeElement( "price" ,"44. 95" )
```

```
        XMLInterface. writeElement( "publish_date" , "2000-10-01" )
        XMLInterface. writeElement( "description" , "An in-depth . . . " )
```

--结束"book"项编辑

```
        XMLInterface. endElement
```

--结束"catalog"项编辑

```
XMLInterface. endElement
XMLInterface. close
```

2）SimTalk 1.0 源代码如下：

```
XMLInterface. FileName: = " D: \MSXML 4. 0\writeSequentially. xml" ;
```

--打开 XML 文档以进行连续写入

```
XMLInterface. openWrite;
XMLInterface. startElement( "catalog" );
    XMLInterface. startElement( "book" );
    --为"book"项添加属性
    XMLInterface. addAttribute( "id" , "bk01" );
    XMLInterface. addAttribute( "xmlns" , "myBooks" );
    XMLInterface. addAttribute( "xmlns: aa" , "specAth" );
    --这些都是"book"项的子项
    XMLInterface. writeElement( "aa: author" , "Gambardella, Matthew" );
        --为"author"项添加属性
        XMLInterface. addAttribute( "age" , "16" );
        XMLInterface. writeElement( "title" , "XML Developer' s Guide" );
        XMLInterface. writeElement( "genre" , "Computer" );
        XMLInterface. writeElement( "price" , "44. 95" );
        XMLInterface. writeElement( "publish_date" , "2000-10-01" );
        XMLInterface. writeElement( "description" , "An in-depth . . . " );
    --结束"book"项编辑
    XMLInterface. endElement;
--结束"catalog"项编辑
XMLInterface. endElement;
XMLInterface. close;
```

3. 随机访问数据

Plant Simulation 可以利用 XML 接口完整地读取数据，然后将其作为一个整体并可进行随机访问和数据处理。Plant Simulation 首先导入整个文档，然后处理和分析编写的方法对象中的所有数据。随机访问数据要求要使用的所有数据都在 RAM 中，因此数据量越大，XML 接口使用的 RAM 就越多！

1）SimTalk 2.0 源代码如下：

--根据 XPath 提示随机访问数据

```
var tbl: table
```

```
XMLInterface. FileName: = "D: \MSXML 4. 0\books. xml"
```

--加载 XML 文档以用于从 RAM 中随机访问数据

```
XMLInterface. openDocument
```

--根据 XPath 提示选择节点

--选择开始进入 XML 接口的上下文（Context）节点

--第二个参数是每个节点的选择深度

--0 意味着没有子项会被选中

--结果被传送给一个表格

```
tbl: = XMLInterface. getNodes("book[title = 'Midnight Rain']", 1)
XMLInterface. close
```

2）SimTalk 1.0 源代码如下：

--根据 XPath 提示随机访问数据

```
local tbl: table;
XMLInterface. FileName: = "D: \MSXML 4. 0\books. xml";
```

--加载 XML 文档以用于从 RAM 中随机访问数据

```
XMLInterface. openDocument;
```

--根据 XPath 提示选择节点

--选择起始于进入 XML 接口的上下文（Context）节点

--第二个参数是每个节点的选择深度

--0 意味着没有子项会被选中

--结果被传送给一个表格

```
tbl: = XMLInterface. getNodes("book[title = 'Midnight Rain']", 1);
XMLInterface. close;
```

4. 从 XML 文档中删除现有数据

1）SimTalk 2.0 源代码如下：

--删除 XPath 指令指定的所有节点

```
XMLInterface. FileName: = "D: \MSXML 4. 0\books. xml"
```

--加载 XML 文档以用于从 RAM 中随机访问数据

```
XMLInterface. openDocument
```

--删除类型为"Fantasy"的所有书节点

```
XMLInterface. deleteNodes("book[genre = 'Fantasy']")
XMLInterface. FileName: = "D: \MSXML 4. 0\tmp. xml"
```

--将文档（document）写入一个文件

```
XMLInterface. write
```

--从 RAM 中移除文档

```
XMLInterface. close
```

2）SimTalk 1.0 源代码如下：

--删除 XPath 指令指定的所有节点

```
XMLInterface. FileName: = "D: \MSXML 4. 0\books. xml";
```

--加载 XML 文档以用于从 RAM 中随机访问数据

XMLInterface. openDocument；

--删除类型为"Fantasy"的所有书节点

XMLInterface. deleteNodes("book[genre =' Fantasy']")；

XMLInterface. FileName：="D：\MSXML 4.0\tmp. xml"；

--将文档(document)写入一个文件

XMLInterface. write；

--从 RAM 中移除文档

XMLInterface. close；

5. 将新数据插入 XML 文档

1) SimTalk 2.0 源代码如下：

--向 XML 文档中插入新数据

var tbl：table

XMLInterface. FileName：="D：\MSXML 4.0\books. xml"

--加载 XML 文档

XMLInterface. openDocument

--获取一个用于写入数据的空表

--depth =1,意味着要编写带有子节点的节点

tbl：=XMLInterface. getContainer(1)

--为新数据设置亲节点

XMLInterface. setContext("/catalog")

--指定要附加到"catalog"节点的节点

tbl[1,1]：="book"

--"book"节点属性

tbl. createNestedList(4,1)

--准确的名称空间

tbl[4,1][1,1]：="xmlns：aa"

tbl[4,1][2,1]：="specAth"

--另外的属性

tbl[4,1][1,2]：="id"

tbl[4,1][2,2]：="bk113"

--子节点

tbl. createNestedList(5,1)

tbl[5,1][1,1]：="aa：author"

tbl[5,1][2,1]：="specAth"

tbl[5,1][3,1]：="XYZ"

tbl[5,1][1,2]：="title"

tbl[5,1][3,2]：="UNKNOWN"

tbl[5,1][1,3]：="genre"

```
tbl[5,1][3,3]:="also"
tbl[5,1][1,4]:="price"
tbl[5,1][3,4]:="12,45"
tbl[5,1][1,5]:="publish_date"
tbl[5,1][3,5]:="12. 1. 02"
tbl[5,1][1,6]:="description"
tbl[5,1][3,6]:="xx0011"
XMLInterface. insertNodes( tbl)
--保存更改的数据
XMLInterface. FileName:="D:\MSXML 4. 0\tmp. xml"
XMLInterface. write
--关闭文档
XMLInterface. close
```

2) SimTalk 1. 0 源代码如下:

```
--向 XML 文档中插入新数据
local tbl:table;
XMLInterface. FileName:="D:\MSXML 4. 0\books. xml";
--加载 XML 文档
XMLInterface. openDocument;
--获取一个用于写入数据的空表
-- depth=1,意味着要编写带有子节点的节点
tbl:=XMLInterface. getContainer(1);
--为新数据设置亲节点
XMLInterface. setContext("/catalog");
--指定要附加到"catalog"节点的节点
tbl[1,1]:="book";
--"book"节点属性
tbl. createNestedList(4,1);
--准确的名称空间
tbl[4,1][1,1]:="xmlns:aa";
tbl[4,1][2,1]:="specAth";
--另外的属性
tbl[4,1][1,2]:="id";
tbl[4,1][2,2]:="bk113";
--子节点
tbl. createNestedList(5,1);
tbl[5,1][1,1]:="aa:author";
tbl[5,1][2,1]:="specAth";
tbl[5,1][3,1]:="XYZ";
```

```
tbl[5,1][1,2]:="title";
tbl[5,1][3,2]:="UNKNOWN";
tbl[5,1][1,3]:="genre";
tbl[5,1][3,3]:="also";
tbl[5,1][1,4]:="price";
tbl[5,1][3,4]:="12,45";
tbl[5,1][1,5]:="publish_date";
tbl[5,1][3,5]:="12. 1. 02";
tbl[5,1][1,6]:="description";
tbl[5,1][3,6]:="xx0011";
XMLInterface. insertNodes( tbl) ;
```

--保存更改的数据

```
XMLInterface. FileName:="D:\MSXML 4. 0\tmp. xml";
XMLInterface. write;
```

--关闭文档

```
XMLInterface. close;
```

6. 更新 XML 文档

1）SimTalk 2.0 源代码如下：

--更新文档的选定节点

```
var tbl:table;
XMLInterface. FileName:="D:\MSXML 4. 0\books. xml"
XMLInterface. openDocument;
```

--选择要更改的节点

```
tbl:=XMLInterface. getNodes( "/catalog/book[ title =' Midnight Rain' ]" ,1)
```

--更新值

```
tbl[5,1][3,3]:="TEST"
```

--写入更改的数值

```
XMLInterface. updateNodes( tbl)
XMLInterface. FileName:="D:\MSXML 4. 0\tmp. xml"
XMLInterface. write
XMLInterface. close
```

2）SimTalk 1.0 源代码如下：

--更新文档的选定节点

```
local tbl:table;
XMLInterface. FileName:="D:\MSXML 4. 0\books. xml";
XMLInterface. openDocument;
```

--选择要更改的节点

```
tbl:=XMLInterface. getNodes( "/catalog/book[ title =' Midnight Rain' ]" ,1) ;
```

--更新值

```
tbl[5,1][3,3]:="TEST";
--写入更改的数值
XMLInterface.updateNodes(tbl);
XMLInterface.FileName:="D:\MSXML 4.0\tmp.xml";
XMLInterface.write;
XMLInterface.close;
```

7. 创建新的 XML 文档

1) SimTalk 2.0 源代码如下：

```
--使用"newDocument"语句来创建一个文档
var tbl:table;
XMLInterface.newDocument("catalog")
tbl:=XMLInterface.getContainer(1)
XMLInterface.setContext("/catalog")
--亲节点
tbl[1,1]:="book"
--默认的名称空间
tbl[2,1]:="MyBooks"
--属性
tbl.createNestedList(4,1)
--准确的名称空间
tbl[4,1][1,1]:="xmlns:aa"
tbl[4,1][2,1]:="specAth"
--另外的属性
tbl[4,1][1,2]:="id"
tbl[4,1][2,2]:="bk113"
--子节点
tbl.createNestedList(5,1)
tbl[5,1][1,1]:="aa:author"
tbl[5,1][2,1]:="specAth"
tbl[5,1][3,1]:="XYZ"
tbl[5,1][1,2]:="title"
tbl[5,1][3,2]:="UNKNOWN"
tbl[5,1][1,3]:="genre"
tbl[5,1][3,3]:="also"
tbl[5,1][1,4]:="price"
tbl[5,1][3,4]:="12,45"
tbl[5,1][1,5]:="publish_date"
tbl[5,1][3,5]:="12.1.02"
tbl[5,1][1,6]:="description"
```

```
tbl[5,1][3,6]:="xx0011"
XMLInterface.insertNodes(tbl)
XMLInterface.FileName:="D:\MSXML 4.0\tmp.xml"
XMLInterface.write
```

2) SimTalk 1.0 源代码如下：

```
--使用"newDocument"语句来创建一个文档
local tbl:table;
XMLInterface.newDocument("catalog");
tbl:=XMLInterface.getContainer(1);
XMLInterface.setContext("/catalog");
--亲节点
tbl[1,1]:="book";
--默认的名称空间
tbl[2,1]:="MyBooks";
--属性
tbl.createNestedList(4,1);
--准确的名称空间
tbl[4,1][1,1]:="xmlns:aa";
tbl[4,1][2,1]:="specAth";
--另外的属性
tbl[4,1][1,2]:="id";
tbl[4,1][2,2]:="bk113";
--子节点
tbl.createNestedList(5,1);
tbl[5,1][1,1]:="aa:author";
tbl[5,1][2,1]:="specAth";
tbl[5,1][3,1]:="XYZ";
tbl[5,1][1,2]:="title";
tbl[5,1][3,2]:="UNKNOWN";
tbl[5,1][1,3]:="genre";
tbl[5,1][3,3]:="also";
tbl[5,1][1,4]:="price";
tbl[5,1][3,4]:="12,45";
tbl[5,1][1,5]:="publish_date";
tbl[5,1][3,5]:="12.1.02";
tbl[5,1][1,6]:="description";
tbl[5,1][3,6]:="xx0011";
XMLInterface.insertNodes(tbl);
XMLInterface.FileName:="D:\MSXML 4.0\tmp.xml";
```

XMLInterface. write;

8. 遍历数据

可以从 XML 文档中完整地提取数据，然后随机遍历数据。例如，可以使用"selectNodes"语句定义遍历结构的起点。然后，可以使用"getNodeName"语句获取下一个节点，使用"getNumberAttributes"语句检查此节点的属性、输出属性的名称并递归检查所选节点的所有子节点，以检测满足条件的节点。

1）SimTalk 2.0 源代码如下：

```
--选择起始节点并调用"visitChildren"方法
--每个节点递归
var numberAttributes
XMLInterface. FileName: = "D:\Public\XML\books. xml"
--加载 XML 文档以用于从 RAM 中随机访问数据
XMLInterface. openDocument
--用 XPath 指示选择节点
XMLInterface. selectNodes("book[genre = 'Computer']")
--定义所选节点环
while XMLInterface. getNextNode = true
    print XMLInterface. getNodeName
    --检查节点属性
    numberAttributes: = XMLInterface. getNumberAttributes
    for var i: = 0 to numberAttributes-1
        --打印属性数据
        print XMLInterface. getAttributeName(i) +":" +XMLInterface. getAttributeValue(i)
    next
    --检查当前节点的子节点
    VisitChildren
end
--从 RAM 移除 XML 文档
XMLInterface. close
```

2）SimTalk 1.0 源代码如下：

```
--选择起始节点并调用"visitChildren"方法
--每个节点递归
local numberAttributes,i:integer;
XMLInterface. FileName: = "D:\Public\XML\books. xml";
--加载 XML 文档以用于从 RAM 中随机访问数据
XMLInterface. openDocument;
--用 XPath 指示选择节点
XMLInterface. selectNodes("book[genre = 'Computer']");
--定义所选节点环
```

```
while  XMLInterface. getNextNode = true    loop
     print XMLInterface. getNodeName;
     --检查节点属性
     numberAttributes: = XMLInterface. getNumberAttributes;
     for i: = 0 to numberAttributes-1 loop
          --打印节点属性
          print XMLInterface. getAttributeName(i)+":" +XMLInterface. getAttributeValue(i);
     next;
     --检查当前节点的子节点
     VisitChildren;
end;
--从 RAM 移除 XML 文档
XMLInterface. close;
```

第 4 章

特 殊 对 象

在 Plant Simulation 中，有几类特殊的对象在工程应用中是常用到的，如贮料起重机、多龙门起重机、龙门式装卸机、升降机及西门子自主研发的立体仓库等，它们在实际应用中起到的作用是很大的，可以比较真实地仿真工厂的运行情况，下面就这几类特殊对象进行介绍。

4.1 贮料起重机

贮料起重机是一种带有竖直支柱的起重机，用来将物料放入仓库中，并且在设定时间从仓库中取走物料。可以定义装卸物料区域的大小、起重机门架的大小及门柱的位置，如图 4-1 所示。

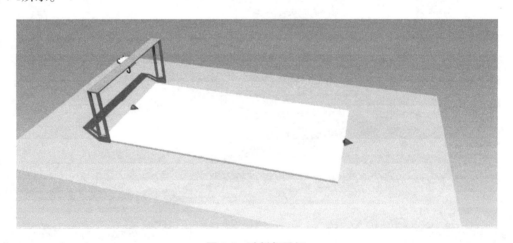

图 4-1 贮料起重机

4.1.1 添加"Cranes"工具条

1) 打开 Plant Simulation14.0 软件，单击"新建模型"按钮，选择"3D"选项进行建模，如图 4-2 所示。

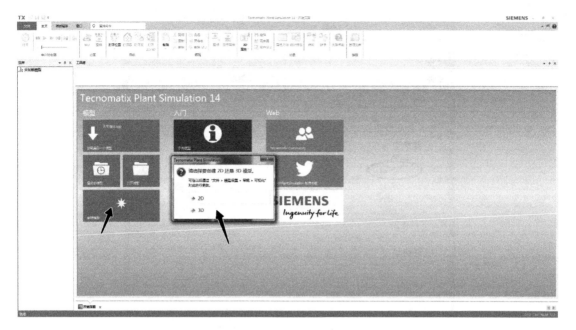

图 4-2 3D 建模

2）双击打开框架并修改框架的"名称"为"贮料起重机"，如图 4-3 所示。

图 4-3 修改框架的"名称"

3）单击菜单栏"主页"选项卡的"管理类库"按钮，如图 4-4 所示。

图 4-4 "管理类库"按钮

4）在弹出的"管理类库"对话框中选择"库"选项卡，在下面的列表中找到"Crane"选项并勾选，如图 4-5 所示，即可将"Cranes"（起重机）的工具条添加到工具箱中，如图 4-6所示。

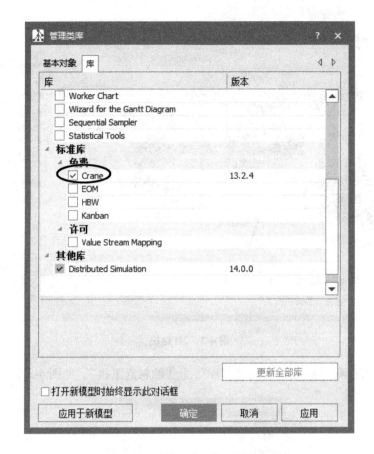

图 4-5 "管理类库"对话框

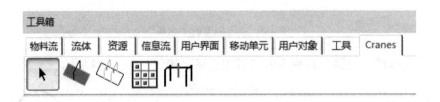

图 4-6 "Cranes"（起重机）工具条

4.1.2 建立基本仿真模型

1）切换菜单栏到"视图"选项卡，单击"规划视图"按钮，以"规划视图"模式使用3D 窗口，如图 4-7 所示。

2）将贮料起重机拖入到框架中，并在框架中添加两个源、两个单处理工位、三个方法对象、一个表文件、一个物料终结站和一段轨道。对方法对象和表文件重命名，如图 4-8 所示。对轨道的长度无要求，使其末端刚好接触到贮料起重机的存储区即可，方向由左向右。

图 4-7 使用"规划视图"模式

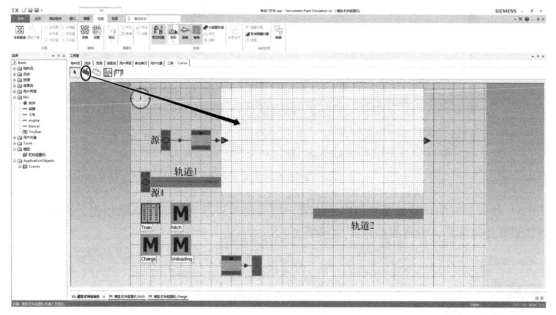

图 4-8 基本的仿真模型

3）框架中的轨道 2 是火车装卸物料的运行路线，该轨道需构成一个回路，使火车卸载完物料后能够重新回来进行装料。选中该轨道，右击并在弹出的菜单中选择"段"再选择"编辑"选项，在弹出对话框的表格中，右击图 4-9 右图所示单元格位置，在弹出的菜单中选择"附加行"选项。然后在添加的附加行中输入所需数据，轨道形状的最终数据如图 4-10所示。

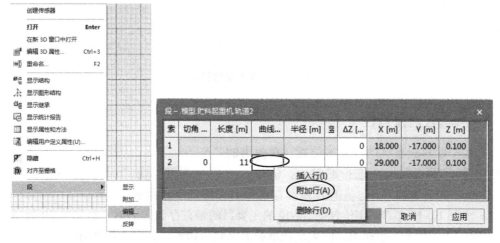

图 4-9 进入轨道的编辑窗口

图4-10　轨道形状的最终数据

4）将编辑好的轨道移动到相应的位置，然后用连接器将该轨道首尾相连，再将轨道1与轨道2连接起来，得到图4-11所示模型。

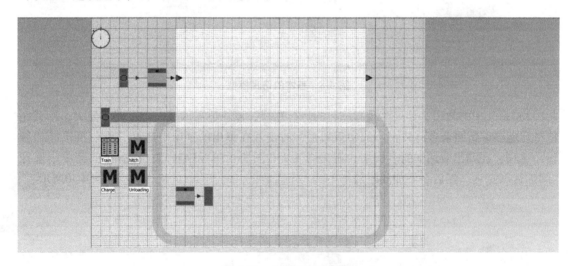

图4-11　火车的运行轨道

4.1.3　编辑各对象属性

1）双击贮料起重机的存储区位置，在弹出的"StorageCrane"对话框的"大小"选项卡中对贮料起重机的大小进行编辑。本例修改"门座高度"为"6"m，"门座位置2"为"8"m，如图4-12所示。门座高度和宽度如图4-12右下角所示。

2）步骤1）修改"门座位置2"数值的主要目的是在存储区的第9行和第10行留出一部分空间，用于放置一段轨道，使火车能够驶进来装载物料，如图4-13所示。

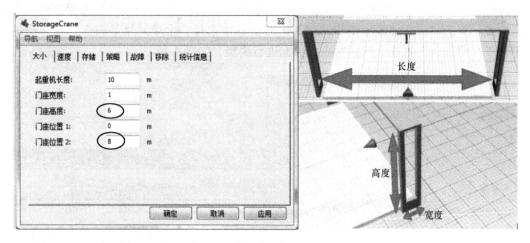

图 4-12 编辑贮料起重机的大小

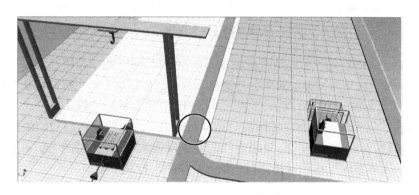

图 4-13 空出火车行驶的轨道空间

3）在"速度"选项卡中可对门座、行车和吊钩等的速度进行修改，如图 4-14 所示。

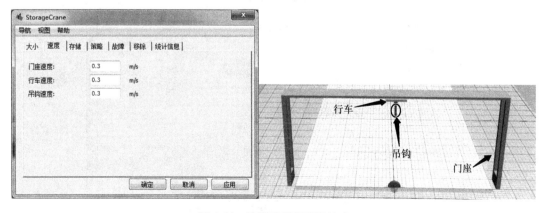

图 4-14 编辑贮料起重机速度

4）切换到贮料起重机的"存储"选项卡，存储区拥有 20×10 个的存储空间，每个存储空间是 1m×1m。修改其"堆积高度"为"1"。因为在步骤 3）设置第 9 行和第 10 行用于为火车行驶提供轨道空间，需标记其为轨道运行的禁区。除此之外，不需要更改起重机的其他默认设置。单击"定义禁区"按钮，在弹出对话框中选择一个单元格并右击，在弹出的菜单中选择"附加行"选项，然后对表格数据进行编辑，如图4-15所示。

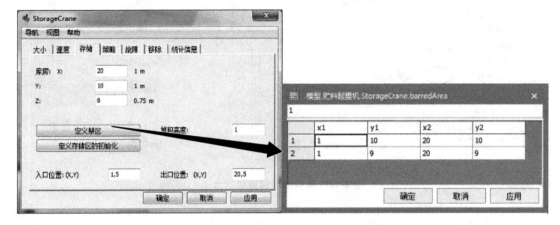

图4-15　定义禁区

5）切换到"策略"选项卡，如图4-16所示，"驱动策略"有"保留在目标"和"返回到默认位置"两种，"保留在目标"策略会将物料放置到目标位置，起重机停留在当前位置，除非有新的物料需要运输。"返回到默认位置"策略则使物料返回到"默认位置（X，Y）"所设置的坐标点处。"仅当吊钩在上方时行驶"选项被勾选时，吊钩缩回到初始位置后起重机才能移动，并可通过勾选下方的"定义您自己的方法以搜索可用的位置"选项或"定义您自己的零件吊起/取下方法"选项并选择对应的方法来添加控制策略。

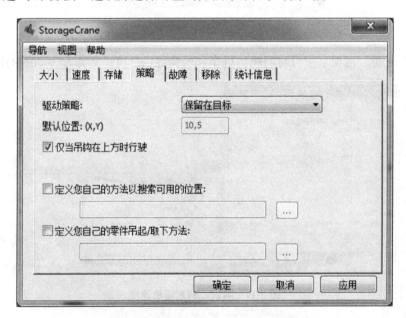

图4-16　贮料起重机的"策略"选项卡

6）在"故障"选项卡中，可编辑贮料起重机的故障，修改其可用性和MTTR（平均修复时间），如图 4-17 所示。

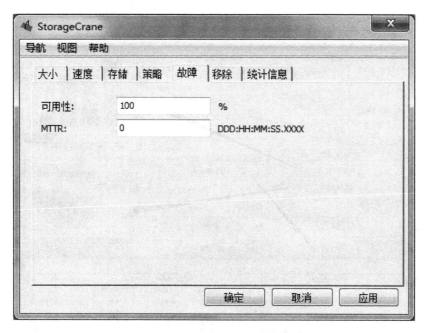

图 4-17 贮料起重机的"故障"选项卡

7）"移除"选项卡主要用于设置移除存储区中物料的时间和方式，勾选"在此时间后移除"选项并在其文本框中输入某个时间点，仿真模型将会在达到该时间点时对存储区中的物料进行移除。在本例中，主要用方法对象来控制物料的装卸，所以不勾选"在此时间后移除"选项，如图 4-18 所示。

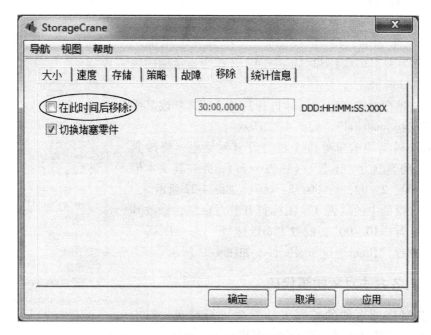

图 4-18 贮料起重机的"移除"选项卡

8）"统计信息"选项卡用于记录贮料起重机仿真过程中的各种数据，如图 4-19 所示。

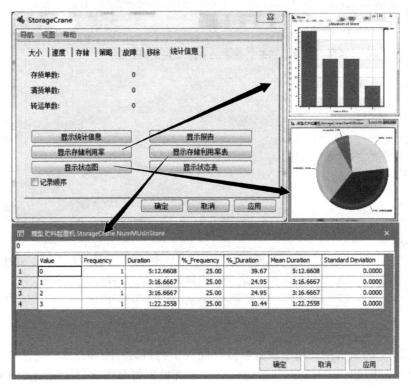

图 4-19　贮料起重机的"统计信息"选项卡

9）上述步骤只对大小、存储区和移除属性进行了更改，其他属性保持默认。复制类库中"MU"文件夹内的"小车"和"容器"并重命名，得到"engine"（作为火车车头）、"boxcar"（作为火车车厢）和"material"（作为被运输的物料），如图 4-20 所示。

10）双击模型中的"源"图标打开其对话框，修改其生成的"MU"为"material"，如图 4-21 所示。

11）双击模型中的单处理工位打开其对话框，修改其"处理时间"的类型为"正态"（正态分布），并在其文本框中输入"4：00，2：00，1：00，5：00"，如图 4-22 所示。

12）双击模型中的"源 1"图标打开其对话框，修改其"开始"时间为"10：00"，设置"MU 选择"为"序列"，从"表"中选择"Drain"这个表文件，如图 4-23 所示。

4.1.4　写入各方法对象的源代码

1）首先对碰撞事件的控制方法对象进行编程，双击"hitch"图标打开其对话框，输入如下源代码。

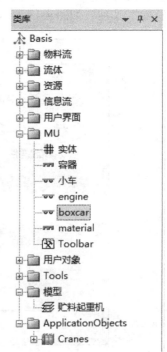

图 4-20　创建物料和火车的 MU

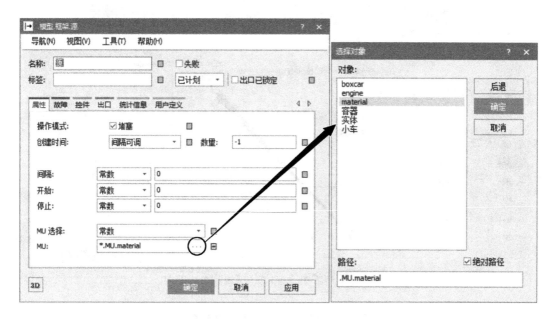

图 4-21 编辑源生成 MU 的类型

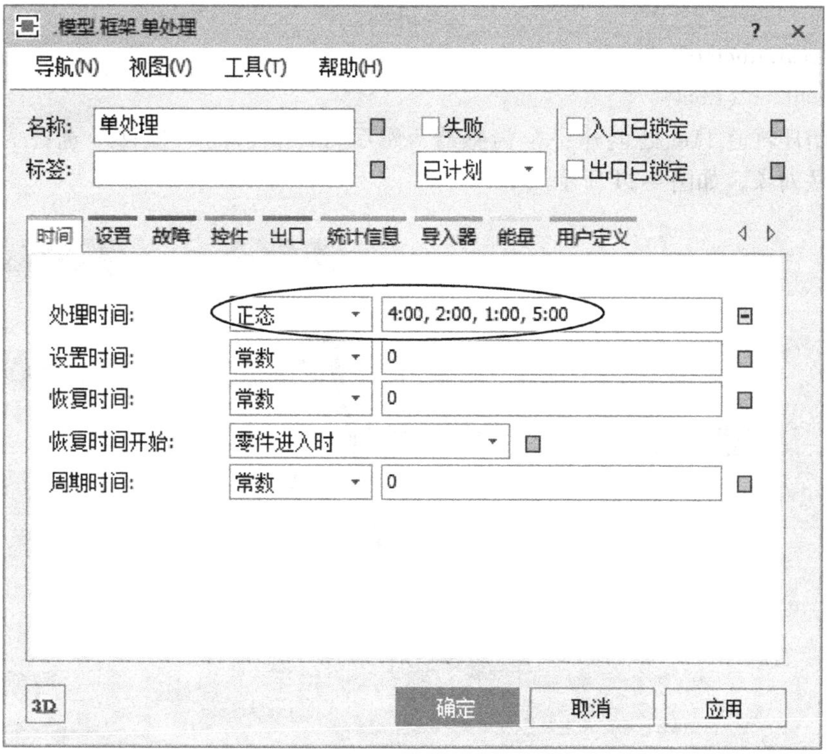

图 4-22 编辑单处理工位的处理时间

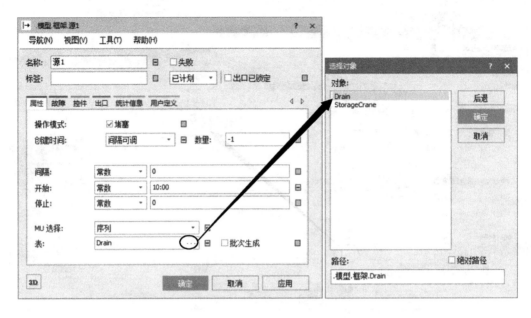

图 4-23　编辑源 1 生成 MU 的方式

var rear, front: object

rear: = @

front: = rear. frontMU

rear. hitchFront(front)

2）在闭环轨道 11m 处创建一个传感器，然后将传感器的"控件"选择为"Charge"（装载）方法对象，如图 4-24 所示。

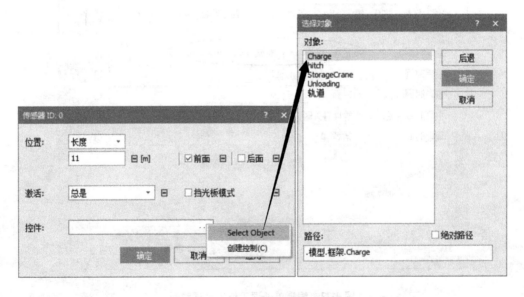

图 4-24　创建传感器并选择控件

当火车的车头触发传感器时，Plant Simulation 仅运行"Charge"（装载）方法对象。因此，必须先检查火车的相应车厢（boxcar）是否是车头（engine），即属性"isTractor"是否为"true"。如果是，则火车停下来并检索起重机的内容列表。出于安全考虑，要等到贮料起重机存储区至少包含6个物料（material）才能开始进行装载。

第一个车厢直接挂在车头后部（engine. rearMU）。装载位置（loadPos）指的是第一个车厢所在的起重机的 X 坐标位置，然后为起重机创建装载订单，为此，总是在其内容（content）列表中取最后一个条目。利用"getPartFromPositionToObject"语句指示起重机从内容列表中的指定位置加载零件，优先级为从20到"loadPos"的 X 坐标位置，将 Y 坐标为10位置处的零件加载到车厢中。由于车厢只能容纳一个容器，因此从（1，1）位置开始装载。优先级20确保装载订单具有比存储订单更高的优先级。然后进入下一个车厢并相应地调整其装载位置。重复这一过程直到给出了所有车厢的装载订单。等到所有的车厢装满，车头才能启动并拉动火车。

双击"Charge"方法对象打开其对话框，输入如下 SimTalk 源代码：

```
var content:table[integer,integer,integer,integer,object]
var i,row:integer
var boxcar:object
var engine:object
var loadPos:integer
var outcome:boolean
if @ . isTractor
    engine:=@
    engine. stop
    content. create
    repeat
        --至少有6个物料放在贮料起重机的物料存储区中
        StorageCrane. getStoreTable(content)
        if content. ydim <6
            wait(300)
        end
    until content. ydim >=6
    boxcar:=engine. rearMu
    loadPos:=10
    --为贮料起重机生成所有的装载订单
    while boxcar /=void
        row:=content. ydim;
outcome:= StorageCrane. getPartFromPositionToObject ( content[1,row], content[2,row],
content[3,row],20,loadPos,10,boxcar,1,1)
        boxcar:=boxcar. rearMU
        loadPos -=2    --将 loadPos 减2再赋值给 loadPos
```

```
            content. cutRow( row )
        end
    --等到火车满载时执行程序,使火车行驶到卸货点
    boxcar:=engine. rearMu
    while boxcar / = void
        waituntil boxcar. occupied
      boxcar:=boxcar. rearMU
    end
    engine. continue
end
```

3）在轨道 70m 处创建另一个传感器，并设置其"控件"为"Unloading"（卸载）方法对象，如图 4-25 所示。

图 4-25　创建传感器并选择控件

只有在车头触发传感器时，Plant Simulation 才执行"Unloading"方法对象。首先停下火车，然后当单处理 1 工位为空时，将车厢中的物料（material）移动到此工位上。卸下所有的物料后，车头可以再次启动并拉动火车。

双击"Unloading"方法对象打开其对话框，输入如下 SimTalk 源代码：

```
param sensorID:integer
var engine:object
var boxcar:object
if @ . isTractor
    engine:=@
    engine. stop
```

```
        boxcar：=engine. rearMu
        while boxcar ／=void
            if boxcar. cont/=void
                waituntil 单处理 1. empty
                boxcar. cont. move(单处理 1)
            end
            boxcar：=boxcar. rearMu
        end
        engine. continue
    end
```

4.1.5 启动仿真并观察仿真过程

至此,所有建模工作均已完成,单击"启动仿真"按钮,观察模型仿真过程,如图 4-26所示。

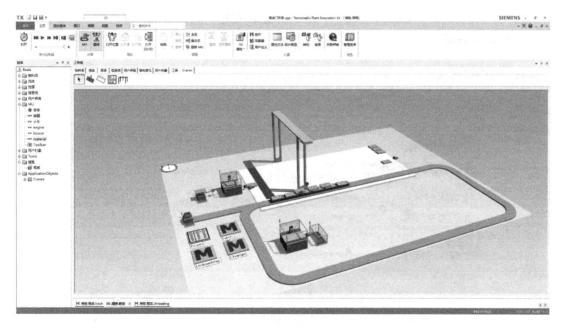

图 4-26 贮料起重机仿真模型

4.2 多龙门起重机

桥式起重机是在高架轨道上运行的一种桥架型起重机,又称为天车,如图 4-27 所示。桥式起重机的桥架沿铺设在两侧的轨道纵向运行,起重小车沿铺设在桥架上的轨道横向运行,构成一个矩形的工作范围,因而可以充分利用桥架下面的空间吊运物料,而不受地面设备的阻碍。

桥式起重机广泛地应用在室内外仓库、厂房、码头和露天贮料场等。桥式起重机可分为普通桥式起重机、简易梁桥式起重机和冶金专用桥式起重机三种。

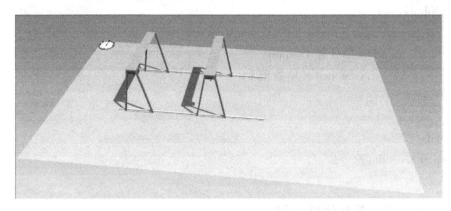

图 4-27　桥式起重机

4.2.1　建立基本仿真模型

1）打开 Plant Simulation14.0 软件，单击"新建模型"按钮，选择"3D"选项进行建模，如图 4-28 所示。

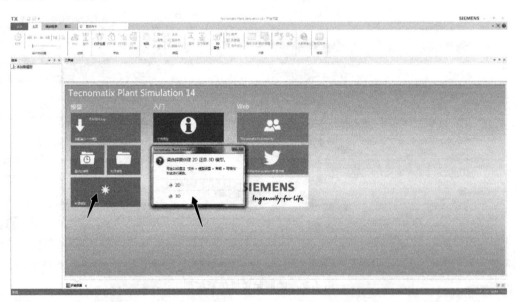

图 4-28　3D 建模

2）双击打开框架并修改框架的"名称"为"多龙门起重机"，如图 4-29 所示。

3）切换菜单栏到"视图"选项卡，单击"规划视图"按钮，以"规划视图"模式使用 3D 界面，如图 4-30所示。

4）在框架中添加一个源、一个物料终结站、六个

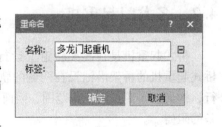

图 4-29　修改框架的"名称"

图 4-30 使用"规划视图"模式

单处理工位、两个方法对象、一个全局变量和一个事件控制器并连接起来，将六个单处理工位重命名为"singleproc1"~"singleproc6"，将"源"重命名为"source"，将物料终结站重命名为"drain"，将两个方法对象重命名为"init"和"moveToBasePosition"，如图 4-31 所示。全局变量命名为"portal"，"数据类型"选择为"object"，如图 4-32 所示。

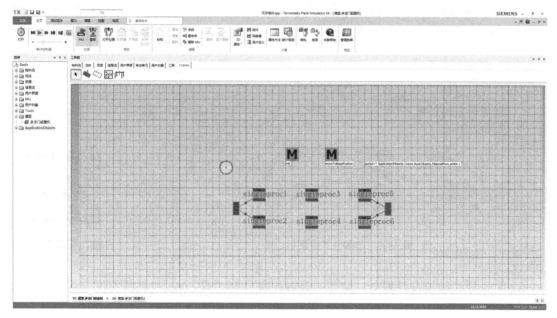

图 4-31 建立基本的仿真模型

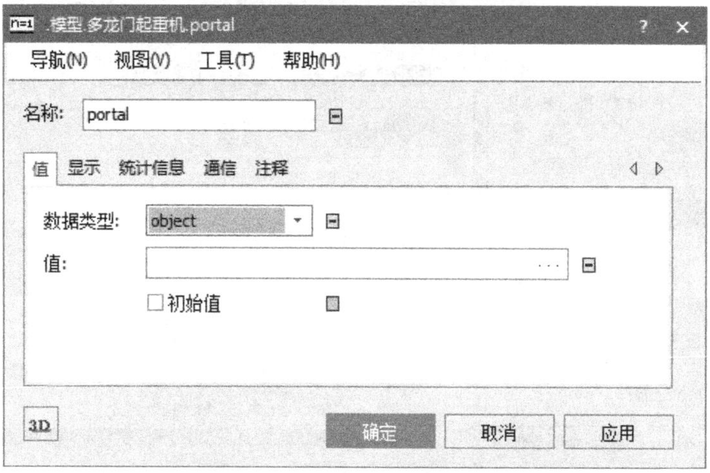

图 4-32 定义全局变量

4.2.2　编辑各对象属性

1）找到"Cranes"工具条的"MultiPortalCrane"对象，如图 4-33 所示，将其拖入框架创建桥式起重机轨道。

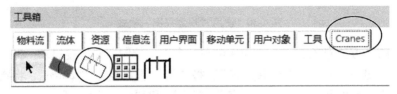

图 4-33　创建桥式起重机轨道

2）双击箭头所指绿色的桥式起重机轨道（扫描二维码查看彩图），如图 4-34 所示，则会弹出"MultiportalCrane"对话框。

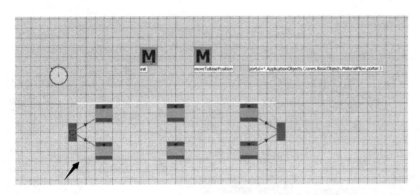

图 4-34　选择桥式起重机轨道　　　　　　　　　　　　（扫描二维码查看彩图）

3）对起重机轨道进行编辑，设置"轨道长度"为"22"m，"轨道宽度"为"6"m，"轨道高度"为"0"m，"门座数"为"1"，如图 4-35 所示。

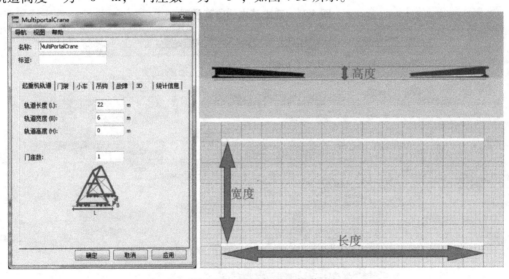

图 4-35　编辑起重机轨道

4）切换到"门架"选项卡，设置门架的长度、宽度、高度和速度，如图4-36所示。若需设置加速度值，则勾选"加速度"选项并在其后的文本框中输入数值。

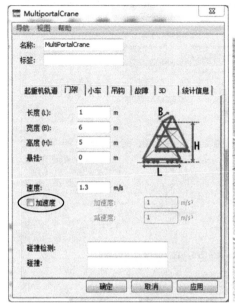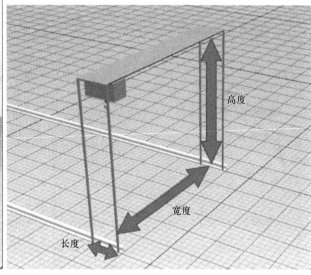

图4-36 编辑门架

5）切换到"小车"和"吊钩"选项卡，它们的属性设置如图4-37所示。可勾选"加速度"选项为小车或吊钩设置加速度值。

图4-37 "MultiportalCrane"对话框的"小车"和"吊钩"选项卡

6）如图 4-38 所示，在有外部图形的情况下，可以在"MultiportalCrane"对话框的"3D"选项卡中勾选"使用外部图形"选项，并选择图形来替换桥式起重机的模型。"统计信息"选项卡中记录着小车各状态第一次的时间，单击"显示详细的统计值"按钮，则可打开图 4-39 所示对话框。

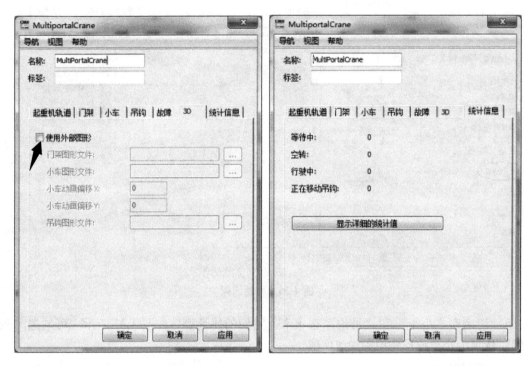

图 4-38 "MultiportalCrane"对话框的"3D"和"统计信息"选项卡

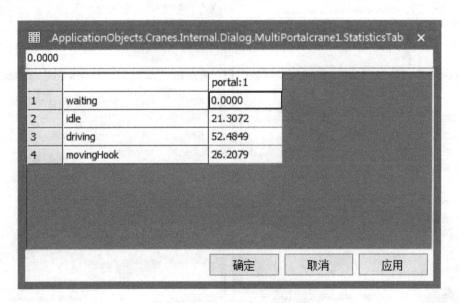

图 4-39 小车的详细统计信息

4.2.3 写入各方法对象的源代码

1）双击"init"方法对象打开其对话框，输入如下 SimTalk 源代码：

Source. ExitLocked：= true   --当源产生一个零件后关闭出口

&moveToBasePosition. newcallchain --执行"moveToBasePosition"方法对象

2）双击"moveToBasePosition"方法对象打开其对话框，输入如下 SimTalk 源代码：

var portalList：list   --定义"portalList"为表文件

portalList. create   --创建"portalList"

MultiPortalCrane. getportals(portalList) --获取所有起重机轨道的"portalList"的列表

portal：= portalList. read(1)   --读取第一台起重机的数据赋值给"portal"变量

var motionOK：integer：= portal. moveto(10,4,4) --将"portal"变量移动到(10,4,4)位置上

waituntil portal. state = " waiting"   --当"portal"变量状态为等待时

portal. endsequence   --完成整个步骤序列

waituntil portal. state = " idle"   --当"portal"变量状态为空闲时

source. exitlocked：= false   --让源(source)产生一个零件

3）双击"singleproc1"（单处理1）图标打开其对话框，切换到"控件"选项卡，在"出口"处选择"创建控制"选项，如图 4-40 所示。

图 4-40 创建"singleproc1"工位的出口控件

4）对"singleproc1"工位的出口控制方法对象输入如下源代码：

waituntil. ApplicationObjects. Cranes. BasicObjects. MaterialFlow. hook：1. empty prio 2

--确定桥式起重机吊钩为空,执行下一步操作

var step   :integer:=1   --定义"step"变量为整型变量,初始值为 1

var finished   :boolean:=false   --定义"finished"变量为布尔型变量,初始值为 false

waituntil portal. state="idle"   and (singleproc3. empty or singleproc4. empty)

--当"portal"变量的状态为空闲,并且"singleproc3"或"singleproc4"工位为空时,执行下一步操作

    repeat

        switch step   --重复执行下列步骤

        case 1   --步骤 1

            portal. movehook(1)   --龙门起重机吊钩长度初始值为 1m

        case 2

            var motionOK:integer:=portal. moveToObject(singleproc1)

                        --龙门起重机移动到"singleproc1"工位的位置

        case 3

            portal. moveHookabs(1)   --吊钩伸长 1m

        case 4

            singleproc1. cont. move(portal. hook)   --"singleproc1"工位的物料移到吊钩上

            waituntil portal. hook. full   --当吊钩为满时,执行下一步

        case 5

            portal. moveHook(1)   --吊钩长度回到初始值 1m

        case 6

            if singleproc3. empty then   --如果"singleproc3"工位为空,则执行下一步操作

                motionOK:=portal. moveToPosition(singleproc3. xPos,singleproc3. YPos)

                        --起重机移动到"singleproc3"工位的(x,y)坐标点位置

            elseif singleproc4. empty then   --否则如果 singleproc4 为空时

                motionOK:=portal. moveToPosition(singleproc4. xPos,singleproc4. YPos)

                        --起重机移动到"singleproc4"工位的(x,y)坐标点位置

            end

        case 7

            portal. moveHookAbs(1)   --吊钩伸长 1m

        case 8

            if singleproc3. empty then   --若"singleproc3"工位为空,则执行下一步操作

                portal. hook. cont. move(singleproc3)

                        --吊钩上的物料移动到"singleproc3"工位上

            elseif singleproc4. empty then

                        --否则,若"singleproc4"工位为空,则执行下一步操作

```
            portal. hook. cont. move( singleproc4)
                                        --吊钩上的物料移动到"singleproc4"工位上
        end
    case 9
        portal. moveHook( 1)                --吊钩长度回到初始值 1m
    else
        portal. endsequence
        finished：= true
    end                                     --完成所有步骤
        step：= step+1                      --"step"变量值自加 1
    waituntil portal. state = " waiting"  prio 1     --当起重机状态为等待时,执行下一步操作
until finished                              --直到所有步骤完成,否则返回
```

5) "singleproc2" 工位的控制策略与 "singleproc1" 工位的相同, 将 "singleproc1" 工位出口控制方法对象的源代码复制并粘贴到 "singleproc2" 工位中。"singleproc4" 工位与 "singleproc3" 工位出口控制方法对象的源代码相同, 所以对 "singleproc3" 工位出口控制方法对象编写源代码, 并复制粘贴即可。

双击打开 "singleproc3" 工位的出口控制方法对象对话框, 其 SimTalk 源代码如下：

```
waituntil . ApplicationObjects. Cranes. BasicObjects. MaterialFlow. hook：1. empty prio 1
--确定桥式起重机吊钩为空,执行下一步操作
var step    ：integer：= 1
--定义"step"变量为整型变量,初始值为 1
var finished：boolean：= false
--定义"finished"变量为布尔型变量,初始值为 false
waituntil portal. state = " idle"  and( singleproc3. empty or singleproc4. empty)
--当"portal"变量的状态为空闲,并且"singleproc3"或"singleproc4"工位为空时,执行下一
步操作
repeat
    switch step                         --重复执行下列步骤
    case 1                              --步骤 1
        portal. movehook( 1)            --龙门起重机吊钩长度初始值为 1m
    case 2
        var motionOK：integer：= portal. moveToObject( singleproc2)
                                        --龙门起重机移动到"singleproc2"工位的位置
    case 3
        portal. moveHookabs( 1)     --吊钩伸长 1m
    case 4
        singleproc2. cont. move( portal. hook)     --"singleproc2"工位的物料移到吊钩上
```

```
            waituntil portal.hook.full        --当吊钩为满时,执行下一步操作
        case 5
            portal.moveHook(1)                --吊钩长度回到初始值 1m
        case 6
            if singleproc3.empty then         --若"singleproc3"工位为空,则执行下一步操作
                motionOK: = portal.moveToPosition(singleproc3.xPos,singleproc3.YPos)
                                --起重机移动到"singleproc3"工位的(x,y)坐标点位置
            elseif singleproc4.empty then        --若"singleproc4"工位为空,则执行下一步操作
motionOK: = portal.moveToPosition(singleproc4.xPos,singleproc4.YPos)
                                --起重机移动到"singleproc4"工位的(x,y)坐标点位置
                end
        case 7
            portal.moveHookAbs(1)        --吊钩伸长 1m
        case 8
            if singleproc3.empty then        --若"singleproc3"工位为空,则执行下一步操作
                portal.hook.cont.move(SingleProc3)
                                --吊钩上的物料移动到"singleproc3"工位上
            elseif singleproc4.empty then        --如果 singleproc4 为空时
                portal.hook.cont.move(SingleProc4)
                                --吊钩上的物料移动到"singleproc4"工位上
                end
        case 9
            portal.moveHook(1)                --吊钩长度回到初始值 1m
        else
            portal.endsequence
            finished: = true
        end                                --完成所有步骤
        step: = step+1    --step 自加 1
        waituntil portal.state = "waiting"  prio 1      --当起重机状态为等待时,执行下一步操作
        until finished                            --直到所有步骤完成,否则返回
```

6) 双击"source"（源）图标打开其对话框，修改其"间隔"时间为"0：20"，如图 4-41 所示。

4.2.4　启动仿真并观察仿真过程

单击事件控制器的"启动仿真"按钮，观察仿真过程，如图 4-42 所示。

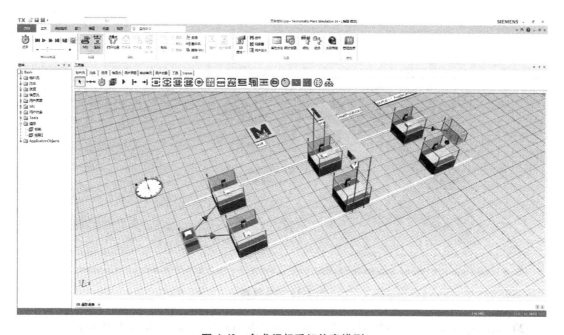

图 4-41 修改物料生成的间隔时间

图 4-42 多龙门起重机仿真模型

4.3　龙门式装载机

龙门式装载机（GantryLoader）的机架为固定的，通过移动机架上的装载机对下方的物料进行装载与卸载。可以设置多个装载机在机架上移动，也可以设置不同类型的装载机以满足不同的需求，如图4-43所示。

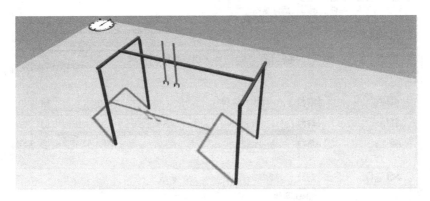

图4-43　龙门式装载机

4.3.1　建立基本仿真模型

1）打开Plant Simulation14.0软件，单击"新建模型"按扭，选择"3D"选项进行建模，如图4-44所示。

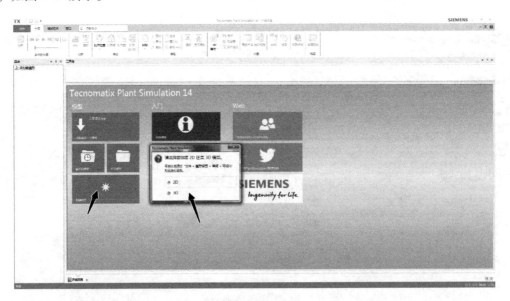

图4-44　3D建模

2）双击打开框架并修改框架的"名称"为"龙门式装载机"，如图4-45所示。

3）在框架中添加四个单处理工位并从左到右依次重命名为"SP1""SP2""SP3"

"SP4"，添加一个源、一个物料终结站、一个表文件和一个方法对象，将方法对象重命名为"transferMU"，再在框架中拖入一个长度合适的龙门式装载机，用连接器将源与SP1工位相连接，将SP4工位与物料终结站相连接，如图4-46所示。

图4-45 修改框架的"名称"

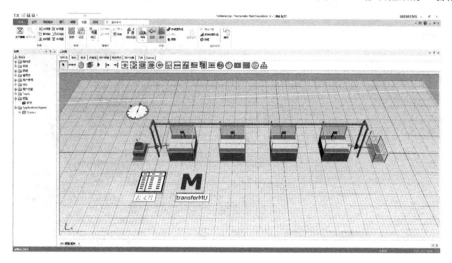

图4-46 龙门式装载机基本仿真模型

4.3.2 编辑各对象属性

1）双击"GantryLoader"对象图标打开其对话框，在"起重机架"选项卡中设置起重机架的尺寸，设置"装载机数"为"1"，选择"装载机类型"为"H型装载机"，如图4-47所示。

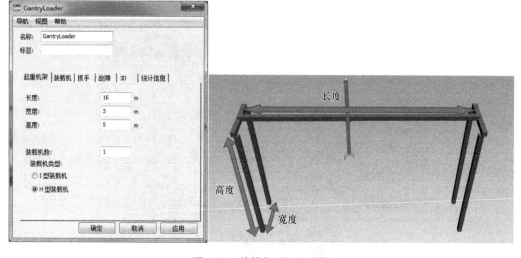

图4-47 编辑起重机架属性

2）切换到"装载机"选项卡，装载机为机架与抓手之间的一个滑块，其尺寸如图 4-48 所示。若需设置加速度值，则勾选"加速度"选项并设置其值。

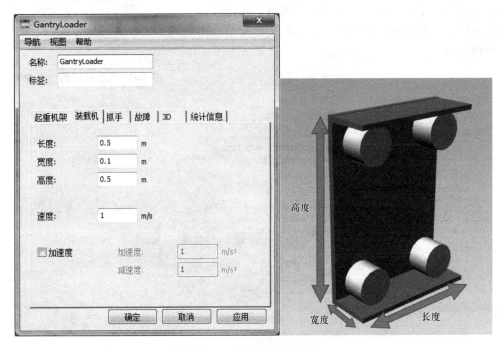

图 4-48　编辑装载机属性

3）切换到"抓手"选项卡，如图 4-49 所示，本例无须对其属性进行修改。"长度"为抓手头尾之间的距离，"提升高度"为地面到抓手底部的距离，"速度"为抓手的移动速度，可根据需要添加加速度。勾选"双抓手"选项会将抓手变换为安装两个夹具的抓手。"移动时的默认高度"为抓手底部与门架桥之间的距离，"旋转时间"为双抓手切换抓手所用的旋转时间，如图 4-50 所示。

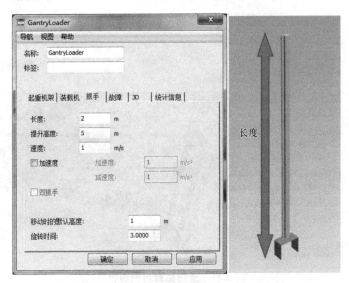

图 4-49　"抓手"选项卡与抓手长度范围

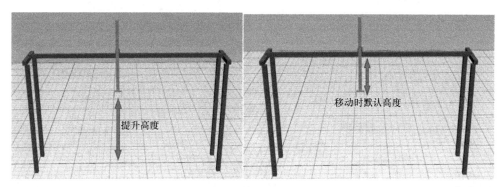

图4-50 抓手提升高度与默认高度

4）"故障"与"3D"选项卡中的属性在本例无须更改，如图4-51所示。"故障"选项卡用于给起重机架、装载机或抓手设置故障率，"3D"选项卡用于使用外部图形替换装载机或抓手的图形。

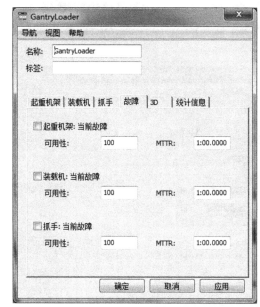
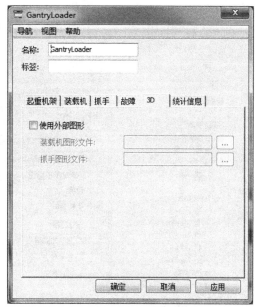

图4-51 龙门式装载机"故障"与"3D"选项卡

5）切换到"统计信息"选项卡，单击"显示详细的统计值"按钮，打开的列表中记录了龙门式装载机运行过程中的信息，如图4-52所示。

6）复制"MU"文件夹中的实体并分别重命名为"blue""green""red""yellow"，然后依次双击各个对象的图标，打开它们的对话框，在"图形"选项卡中勾选"活动的矢量图"选项，并设置它们的"颜色"分别对应各自的名称，如图4-53所示。

7）双击"源"图标打开其对话框，设置"MU选择"为"循环序列"，然后将"表"选择为框架中的表文件。双击打开表文件，将"MU"文件夹中新建的"blue""green""red""yellow"对象拖入到表中相应的位置，数量均设为1，"Name"列输入对应的名称，如图4-54所示。

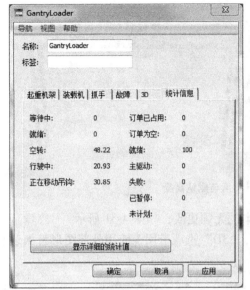

图 4-52 "统计信息"选项卡

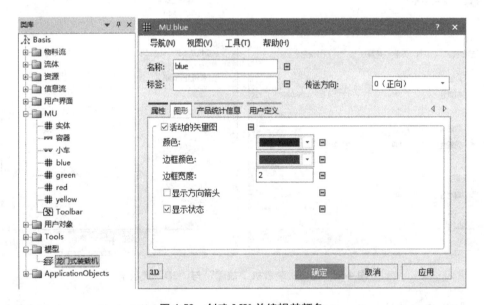

图 4-53 创建 MU 并编辑其颜色

4.3.3 写入各方法对象的源代码

1. 选择方法对象

双击"SP1"工位图标打开其对话框，在其"出口"的位置选择控件"transferMU"，如图 4-55 所示。

2. 写入源代码

"transferMU"方法对象用于控制执行如下动作：抓手移动到默认高度→装载机移动到

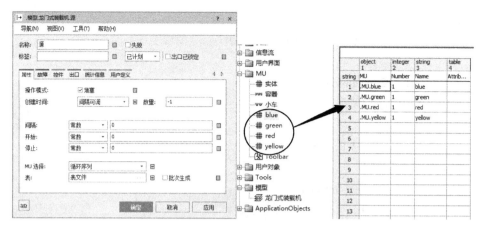

图 4-54　编辑源生成 MU 的方式

图 4-55　为"SP1"工位添加出口控件

指定工位上→装载程序等待→直到目标工位处理物料结束→抓手降低到物料的高度→拾取物料→抓手移动到默认高度。按如此动作流程编写的方法对象适用于 I 型和 H 型装载机。

双击"transferMU"方法对象打开其对话框，输入如下 SimTalk 源代码：

```
var gantry:=GantryLoader
var LoaderList:table
LoaderList.create
Gantry.getLoader(LoaderList)
var Loader:=LoaderList[1,1]
var Hook:=loader.cont
var finished:boolean:=false
var step:integer:=1
waituntil Loader.state="idle"
repeat
    switch step
```

```
case 1
    Loader. pickMUFrom(SP1)
case 2
    if not SP2. occupied then
        step：= 4
    end
    loader. replaceMUAt(SP2)
case 3
    if not SP3. occupied then
        step：= 4
    end
    loader. replaceMUAt(SP3)
case 4
    loader. placeMuAt(SP4)
case 5
    Loader. endSequence
    finished：= true
end
waituntil Loader. state = " idle"  or Loader. state = " waiting"  prio 1
step：= step + 1
until finished
```

4.3.4 启动仿真并观察仿真过程

至此，整个龙门式装载机的仿真模型已构建完成，如图 4-56 所示。单击"启动仿真"按钮，观察整个模型的仿真过程。

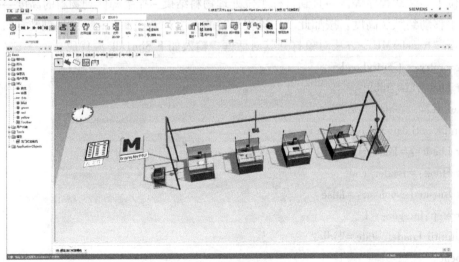

图 4-56 龙门式装载机仿真模型

4.4　升降机

升降机主要依靠电力驱动吊架，将物料从一层移动到另一层进行装卸，如图 4-57 所示，可以实现货物快速、简单和经济有效的竖直运输。本例创建两台升降机，并在其间搭建悬轨系统，车辆由吊架进行竖直运输，也能在自身动力下在地面上移动。

图 4-57　升降机

4.4.1　添加"EOM"工具条

1）打开 Plant Simulation 14.0 软件并单击"新建模型"按钮，在弹出的对话框中选择"3D"选项，创建新的 3D 仿真模型，如图 4-58 所示。

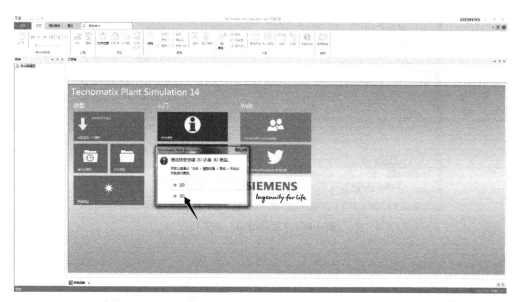

图 4-58　创建 3D 仿真模型

2）单击菜单栏"主页"选项卡的"管理类库"按钮，如图 4-59 所示。

3）在弹出的"管理类库"对话框中展开"库"选项卡，在"标准库"的"免费"列

图 4-59　"管理类库"按钮

表中找到"EOM"选项并勾选，如图 4-60 所示，即可将"EOM"工具条添加到工具箱中，如图 4-61 所示。

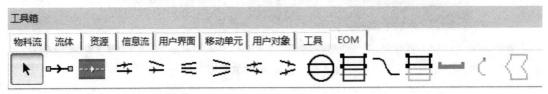

图 4-60　"管理类库"对话框

工具箱
物料流	流体	资源	信息流	用户界面	移动单元	用户对象	工具	EOM

图 4-61　"EOM"工具条

4.4.2　建立基本仿真模型

1）打开"模型"文件夹中的框架，单击"视图"选项卡的"规划视图"按钮进入"规划视图"模式，如图 4-62 所示。

图 4-62　进入"规划视图"模式

2）双击"EOM"工具条的"track"图标，在弹出的对话框中修改其锚点高度为 7m，然后依次单击框架中的两个点，创建一条长度为 6m 的悬轨，如图 4-63 所示。

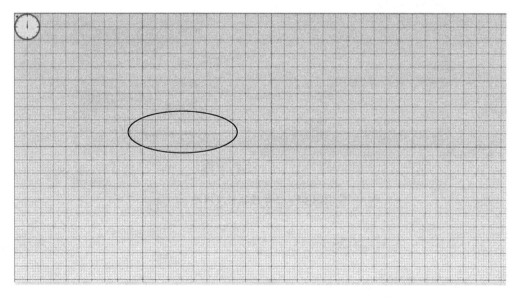

图 4-63　创建长度为 6m 的悬轨

3）相继创建编号为①和②的两段悬轨，①号悬轨的锚点高度为 9m，长度为 7m，如图 4-64所示。②号悬轨锚点高度为 7m，长度属性如图 4-65 所示。用连接器将图 4-64 所示圆圈处的②号悬轨与图 4-63 所示悬轨连接起来。

4）单击"规划视图"按钮退出该模式，所创建悬轨的 3D 效果如图 4-66 所示。

5）在三段悬轨之间插入两个 LoadStation，修改两个 LoadStation 的"宽度"和"装货和卸货的高度"均为"3.5"m 和"4"m，如图 4-67 所示。

6）将①号和②号悬轨拖入到 LoadStation 中，如图 4-68 所示。然后双击"LoadStation"图标打开其对话框，单击"附加行的不完全列"按钮，得到图 4-69 所示的表格。

7）同样方法，将②号和③号悬轨拖入到 LoadStation1 中，如图 4-70 所示，得到如图 4-71所示的附加行的不完全列表格。

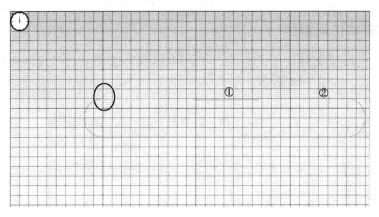

图 4-64　悬轨俯视图

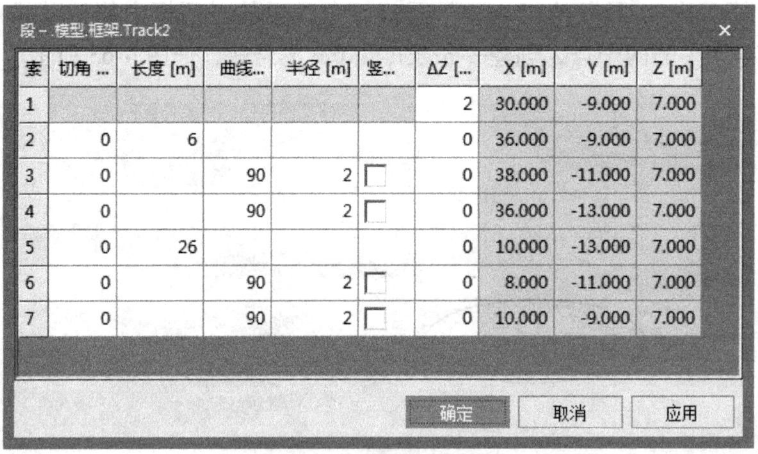

段 – 模型.框架.Track2

套	切角 …	长度 [m]	曲线…	半径 [m]	竖…	ΔZ […	X [m]	Y [m]	Z [m]
1						2	30.000	-9.000	7.000
2	0	6				0	36.000	-9.000	7.000
3	0		90	2	☐	0	38.000	-11.000	7.000
4	0		90	2	☐	0	36.000	-13.000	7.000
5	0	26				0	10.000	-13.000	7.000
6	0		90	2	☐	0	8.000	-11.000	7.000
7	0		90	2	☐	0	10.000	-9.000	7.000

确定　　取消　　应用

图 4-65　②号悬轨长度属性

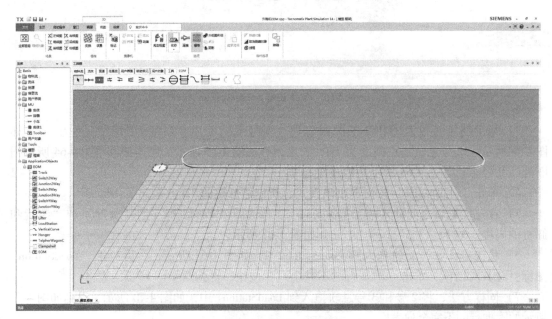

图 4-66　悬轨的 3D 效果

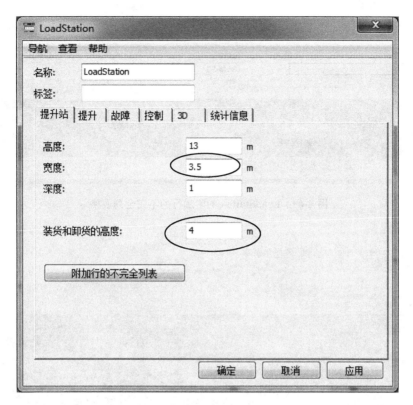

图 4-67　编辑 LoadStation 的属性

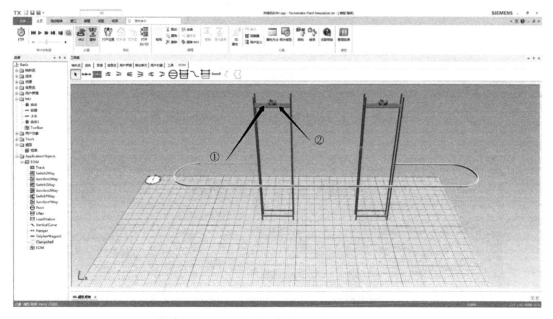

图 4-68　①号和②号悬轨拖入到 LoadStation 中

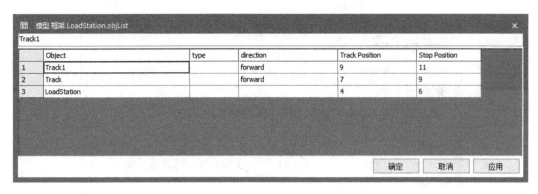

图 4-69　LoadStation 的附加行的不完全列表格

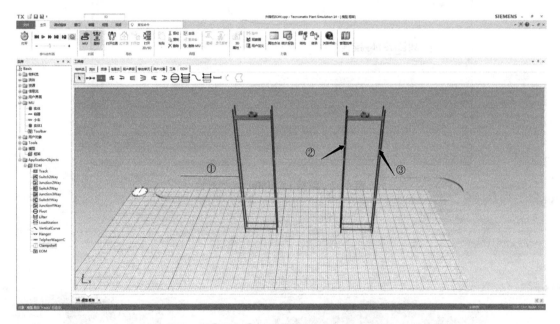

图 4-70　将②号和③号悬轨拖入到 LoadStation1 中

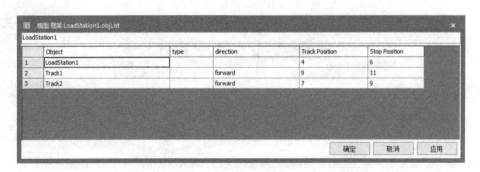

图 4-71　LoadStation1 的附加行的不完全列表格

8）在框架中添加两个源、两个单处理工位和一个物料终结站，用"物料流"工具条中的连接器将源与单处理工位相连接，再将物料终结站与单处理工位 1 相连接，然后用"EOM"工具条中的 Connector 将源 1 与①号悬轨相连接，如图 4-72 所示。

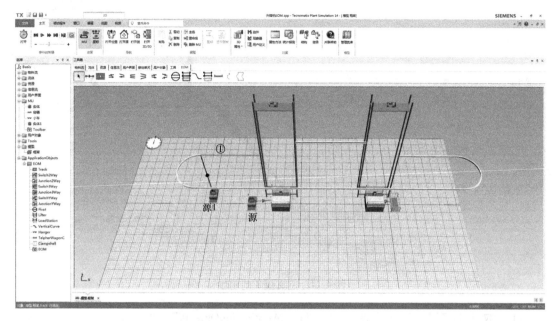

图 4-72 连接各物料流对象

9）向框架中添加五个方法对象和一个表文件，修改方法对象的名称分别为"INIT""load""unload""setTarget""sensorControl"，如图 4-73 所示。

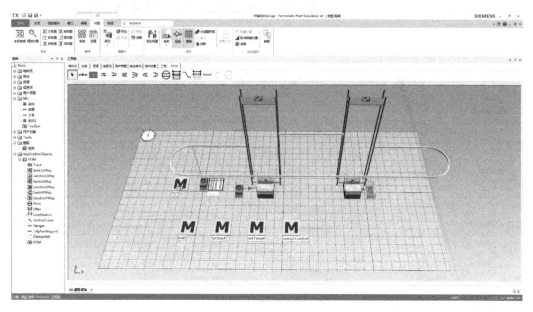

图 4-73 向框架中添加方法对象和表文件

10）双击"源 1"图标打开其对话框，修改其"间隔"时间为"0：30"（30s），设置"MU 选择"为"序列"，然后将"表"选择为框架中的表文件，如图 4-74 所示。

图 4-74　定义源 1 的属性

11）双击打开框架中的表文件，将"ApplicationObjects"文件夹中"EOM"下的"Clampshell"拖入到"MU"列的单元格中，然后在"Number"列单元格中输入数字"3"，表示生成三个这种 MU，"Name"列单元格中输入"Hanger"，"Attributes"列单元格中输入"a"。双击"a"单元格打开其子表格，在"Name of Attribute"（属性名称）列单元格中输入"Destination"，然后在第四列单元格中输入"LoadStation"，如图 4-75 所示。

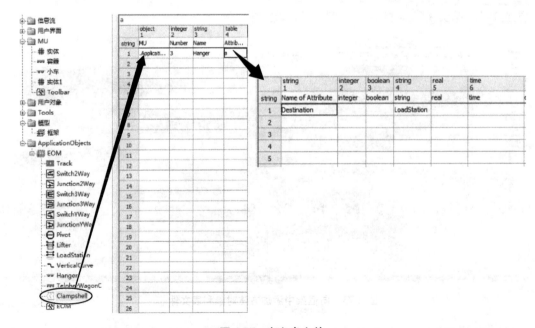

图 4-75　定义表文件

4.4.3 写入各方法对象的源代码

1. 创建①号悬轨出口控件并写入源代码

双击①号悬轨打开其对话框,在"控件"选项卡的"出口"位置创建一个方法对象,其 SimTalk 源代码如下:

```
var part: =@
var caller: =?
if part. destination / = void
var target: =part. destination
    LoadStation. transportOrder( caller, target, part, 1)
else
messageBox( "Please set attribute 'destination' of the part!", 1, 1)
    root. eventcontroller. stop
end
```

2. 设置单处理工位出口控件并写入源代码

双击图 4-76 左图所示圈中的单处理工位,在其"出口"位置选择"load"方法对象,如图 4-76 所示。

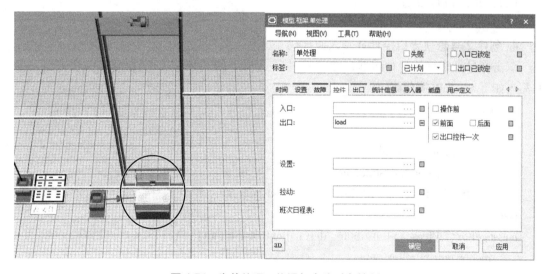

图 4-76 为单处理工位添加方法对象控制

为"load"方法对象写入如下 SimTalk 源代码:

```
waituntil LoadStation. canBeLoaded prio 1
var loadingTime: time: =50
wait loadingTime
var Hanger: =LoadStation. Lift. cont
@ . move( Hanger)
LoadStation. loadFinished( Track1)
```

3. 创建②号悬轨传感器并写入源代码

在②号悬轨 5m 处创建一个传感器，设置该传感器的"控件"为"sensorControl"，如图 4-77 所示。

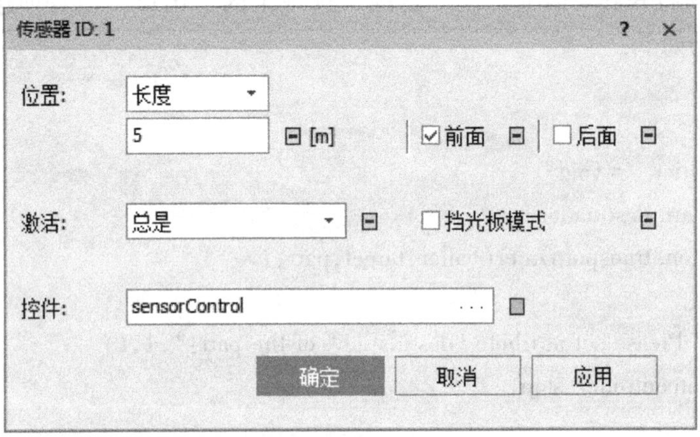

图 4-77 为②号悬轨创建一个传感器并选择控件

为"sensorControl"方法对象写入如下 SimTalk 源代码：

param SensorId：integer

@．destination：=LoadStation1

4. 创建②号悬轨出口控件并写入源代码

双击②号悬轨打开其对话框，在"控件"选项卡的"出口"位置创建一个方法对象，并写入如下 SimTalk 源代码：

var part：=@

var caller：=？

if part．destination ／=void

　　　　var target：=part．destination

　　　　LoadStation1．transportOrder（caller，target，part，1）

else

messageBox（"Please set attribute 'destination' of the part！"，1，1）

　　　　root．eventcontroller．stop

end

5. 设置单处理 1 工位出口控件并写入源代码

将单处理 1 工位对话框的"出口"位置选择"unload"方法对象。为"unload"方法对象写入如下 SimTalk 源代码：

waituntil LoadStation1．canBeunloaded prio 1

var unloadTime：time：=50

wait unloadTime

var Hanger：=LoadStation1．Lift．cont

Hanger．cont．move（SingleProc1）

LoadStation1. unloadFinished(Track2)

self. methcall(10)

6. 创建③号悬轨传感器并写入源代码

在③号悬轨 20m 的位置创建一个传感器，选择"控件"为"setTarget"，如图 4-78 所示。

为"setTarget"方法对象写入如下 SimTalk 源代码：

param SensorId : integer

@ . destination := LoadStation

7. 为"init"方法对象写入源代码

为"init"方法对象写入如下 SimTalk 源代码：

&unload. methcall(10)

图 4-78 为③号悬轨创建一个传感器并选择控件

4.4.4 启动仿真并观察仿真过程

至此，整个升降机的仿真模型已构建完成，单击"启动仿真"按钮，观察整个模型的仿真过程，如图 4-79 所示。

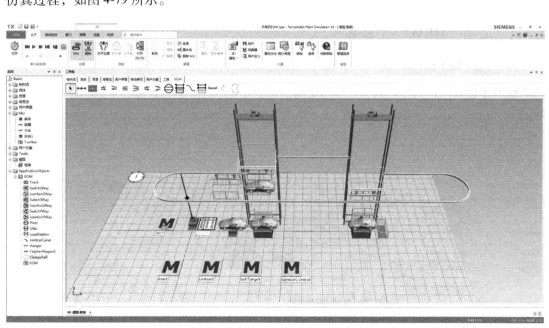

图 4-79 升降机仿真模型

4.5 立体仓库

自动化立体仓库，也称为自动化立体仓储，其利用立体仓库设备，可实现高层仓库存取自动化、操作简便化、管理高效化，是当前技术水平较高的物流仓储形式。自动化立体仓库的主体由货架、巷道堆垛起重机、入（出）库工作台、自动运进（出）传送带及操作控制系统组成，如图 4-80 所示。货架是钢结构或钢筋混凝土的建筑物或结构体，货架内是标准尺寸的货位空间，巷道堆垛起重机穿行于货架之间的巷道中，完成存取货的工作。

图 4-80　立体仓库

4.5.1　添加"HBW"工具条

1）打开 Plant Simulation 14.0，单击"新建模型"按钮，在弹出的对话框中选择"3D"选项，创建 3D 仿真模型，如图 4-81 所示。

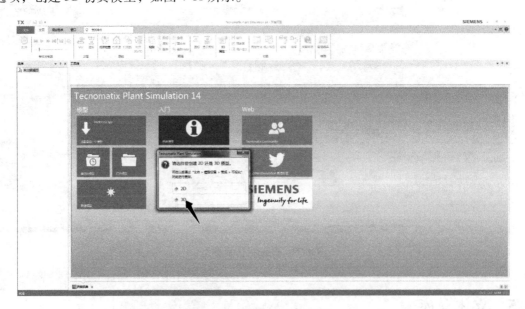

图 4-81　创建 3D 仿真模型

2）单击菜单栏"主页"选项卡的"管理类库"按钮，如图 4-82 所示。

3）在弹出的"管理类库"对话框中展开"库"选项卡，在列表中找到"Transfer

图 4-82 "管理类库"按钮

Station"和"HBW"选项并勾选,如图 4-83 所示,即可将"Transfer Station"工具对象和"HBW"工具条添加到工具箱中,如图 4-84 和图 4-85 所示。

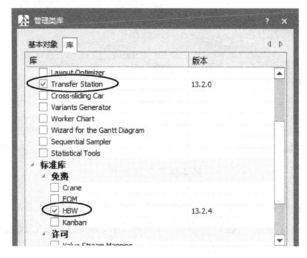

图 4-83 管理类库菜单

图 4-84 "Transfer Station"工具对象

图 4-85 "HBW"工具条

4.5.2 建立基本仿真模型

1)单击图 4-86 右上角所示"最大化"按钮,则"框架"对话框被全屏显示。

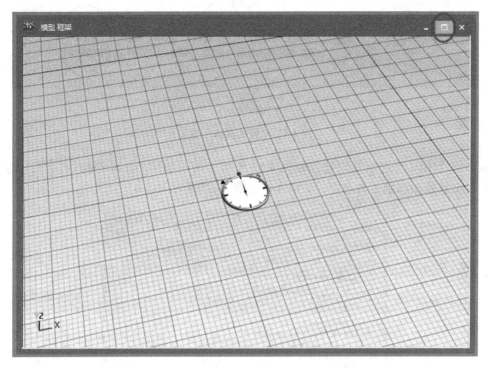

图 4-86　全屏显示

2）从"HBW"工具条向框架中拖入两个 RackLane 对象，即添加两个立体仓库，利用鼠标移动它们，使它们紧靠在一起，并且使图 4-87 所示圈出的两个位置连接在一起。

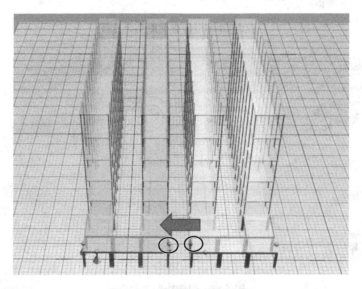

图 4-87　将立体仓库相连接

3）按照步骤 2）的方法再添加两个 RackLane 对象，得到图 4-88 所示立体仓库系统。

4）单击菜单栏"视图"选项卡的"规划视图"按钮，如图 4-89 所示，进入"规划视图"模式进行编辑。

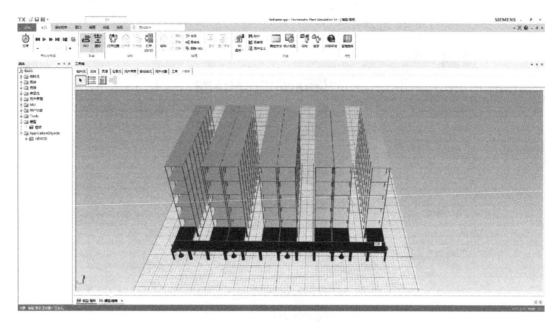

图 4-88　四个 RackLane 对象构成的立体仓库系统

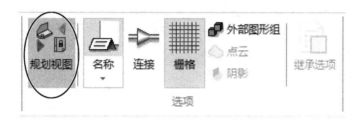

图 4-89　进入"规划视图"模式

5）在框架中添加三条传送带（线对象）、两个源、一个物料终结站、两个表文件和四个 WMS；编号为①的传送带将源与立体仓库相连，用于运输物料进入立体仓库，长度为 9m，线的转弯半径为 2m，如图 4-91 所示；编号为②的传送带与源 1 相连，用于运输源 1 产生的物料，长度为 4m；编号为③的传送带将立体仓库的出料端与物料终结站相连，用于运出库存物料，长度为 4m；修改两个表文件的名称分别为"Palettes"和"Parts"。完成设置，所得基本仿真模型如图 4-90 所示。

6）打开"源"与"源 1"的对话框，均设置"MU 选择"为"循环序列"，然后将"表"分别选择为"Palettes"和"Parts"，如图 4-92 所示。

7）复制四次"MU"文件夹中的实体，并分别重命名为"A""B""C""D"，再复制一个容器并重命名为"Palettes"，如图 4-93 所示。

8）分别双击"A""B""C""D"物料打开其对话框，在"图形"选项卡中勾选"活动的矢量图"选项，并设置颜色分别为褐、蓝、红、绿，便于区分观察，如图 4-94 和图 4-95所示。

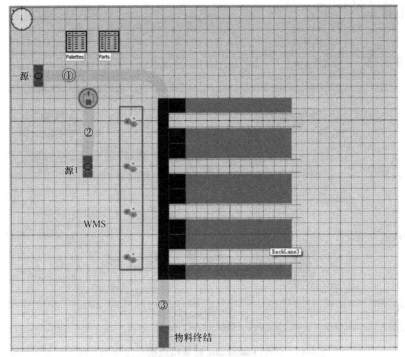

图 4-90　基本仿真模型

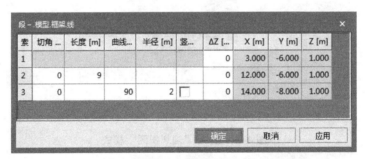

图 4-91　编号为①的传送带属性

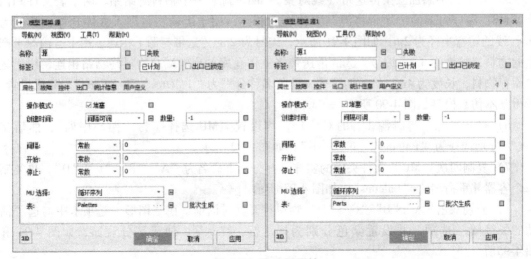

图 4-92　定义源属性

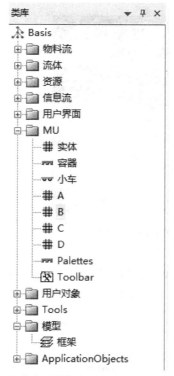

图 4-93 创建物料与物料板

图 4-94 物料"A"的"图形"选项卡

（扫描二维码查看彩图）

图 4-95　不同颜色的物料图形　　　　　　　（扫描二维码查看彩图）

9）双击打开"Palettes"表文件，将物料"A""B""C""D"拖入到相应位置，数量（Number）均设置为"4"，名称（Name）设置为"A""B""C""D"，如图 4-96 所示。

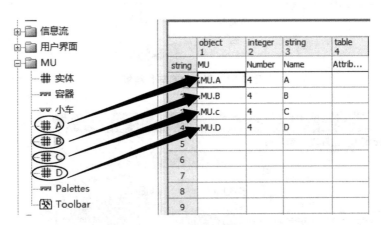

图 4-96　编辑"Palettes"表文件

10）打开"Parts"表文件进行编辑，如图 4-97 所示。

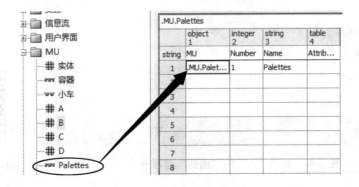

图 4-97　编辑"Parts"表文件

11）双击"TransferStation"图标打开其对话框，"站类型"选择"加载"，"零件来源"选择"线1"（传送带1），"传感器位置"设置为"4"m；"目标位置"选择"线"（传送带），"传感器位置"设置为"4"m。单击"应用"按钮后单击"确定"按钮，即可在传送带与传送带1的对应位置生成传感器，调整TransferStation的位置，使其正对着传送带的传感器位置，如图4-98所示。

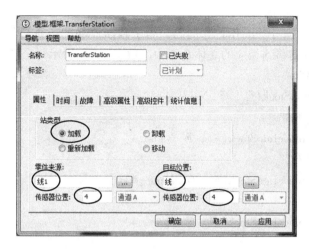

图4-98　编辑TransferStation属性

4.5.3　写入各方法对象的源代码

如图4-99所示，编号为①和②处的传感器即为图4-98所示对话框中生成的传感器，在③和④位置各创建一个传感器，位置无准确要求。

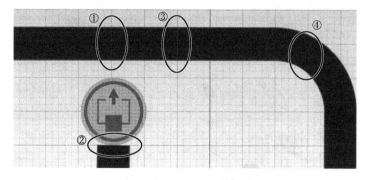

图4-99　创建传感器

1. 写入传感器③源代码

为传感器③写入如下SimTalk源代码，用于修改产品的名称，以便录入立体仓库。

```
if @.cont.name = "A"
    @.name: = "AA"
elseif @.cont.name = "B"
    @.name: = "BB"
```

```
elseif @. cont. name = " C"
        @. name: = " CC"
elseif @. cont. name = " D"
        @. name: = " DD"
    end
```

2. 写入传感器④源代码

在传感器④中写入如下 SimTalk 源代码，用于判断产品的名称，然后录入相应的 WMS 中，WMS 根据策略将其移到相应的立体仓库中，数字"4"表示每个产品中含有四个物料。

```
if @. name = " AA"
root. WMS. placeIntoStock( @ , @. Name,4)
elseif @. name = " BB"
        root. WMS1. placeIntoStock( @ , @. Name,4)
elseif @. name = " CC"
        root. WMS2. placeIntoStock( @ , @. Name,4)
elseif @. name = " DD"
        root. WMS3. placeIntoStock( @ , @. Name,4)
        end
```

4.5.4　为立体仓库选择仓库管理系统

在"WMS"（仓库管理系统）对话框中，其"存储策略"共有四个选项，下面为四个立体仓库选择四种不同的策略，观察其仿真过程。仓库管理系统编号如图 4-100 所示。

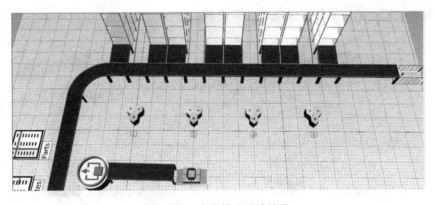

图 4-100　仓库管理系统编号

1) 打开编号为①的仓库管理系统的对话框，在"策略"选项卡中选择"存储策略"为"逐个"。然后双击第一个立体仓库，将"仓库管理系统"选择为"WMS"，如图 4-101 所示。

2) 打开编号为②的仓库管理系统的对话框，在"策略"选项卡中选择"存储策略"为"随机"，然后双击第二个立体仓库，将"仓库管理系统"选择为"WMS1"，如图 4-102 所示。

3) 打开编号为③的仓库管理系统的对话框，在"策略"选项卡中选择"存储策略"为

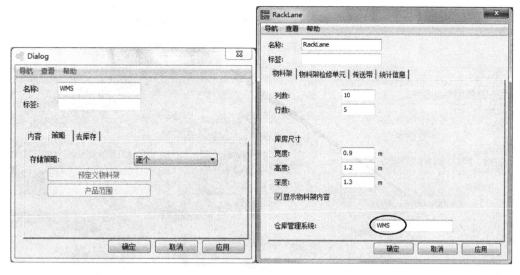

图 4-101 定义第一个立体仓库的仓库管理系统

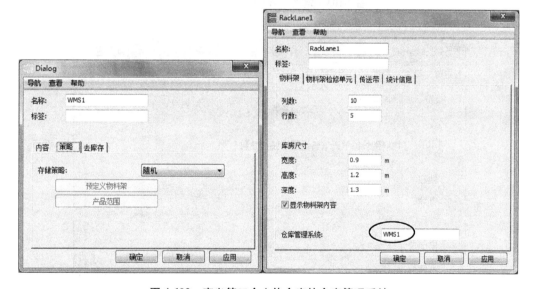

图 4-102 定义第二个立体仓库的仓库管理系统

"预定义物料架",接着单击"预定义物料架"按钮打开其表格进行编辑,如图 4-103 所示。然后双击第三个立体仓库,将"仓库管理系统"选择为"WMS2",如图 4-104 所示。

　　4)打开编号为④的仓库管理系统的对话框,在"策略"选项卡中选择"存储策略"为"XYZ 范围",接着单击"产品范围"按钮打开其表格进行编辑,如图 4-105 所示。然后双击第四个立体仓库,将"仓库管理系统"选择为"WMS3",如图 4-106 所示。

4.5.5　启动仿真并观察仿真过程

　　至此,整个立体仓库的模型已构建完成,单击"启动仿真"按钮,观察每一个立体仓库物料入库的过程,如图 4-107 所示。

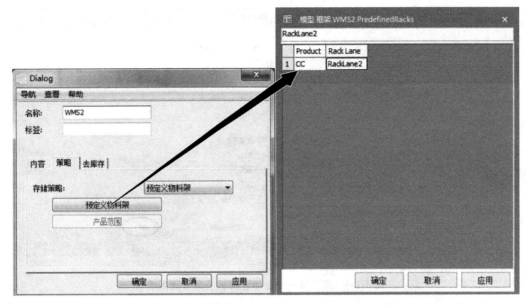

图 4-103 定义"WMS2"的存储策略

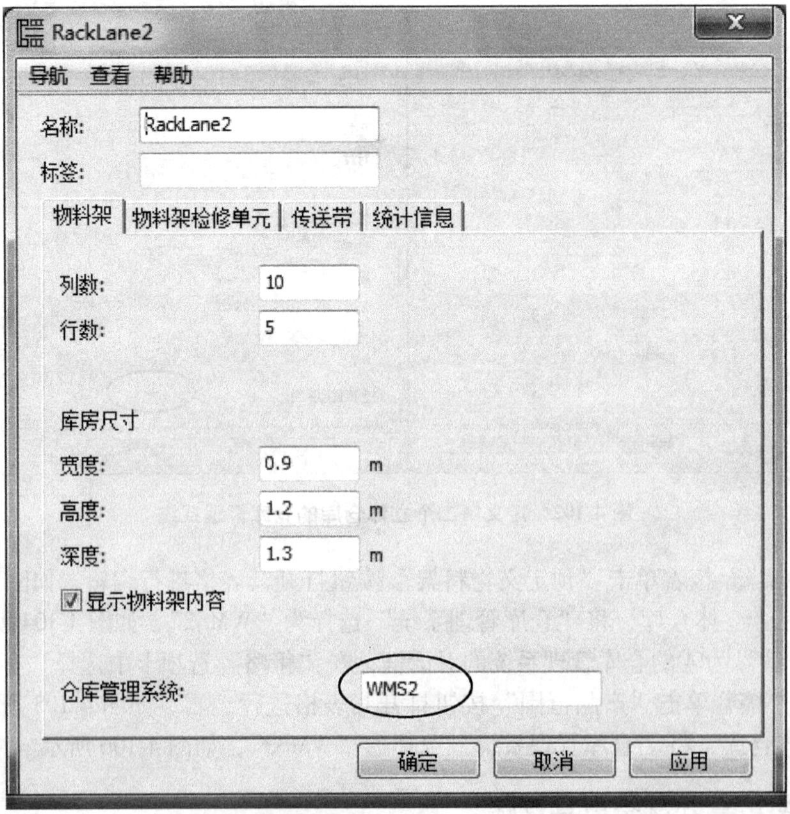

图 4-104 定义第三个立体仓库的仓库管理系统

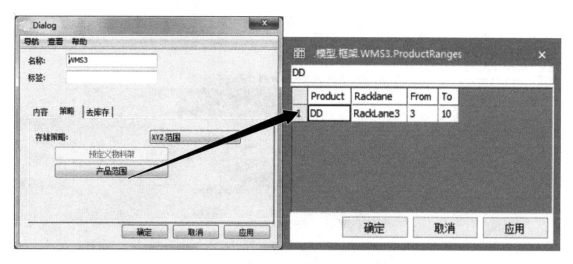

图 4-105　定义"WMS3"的存储策略

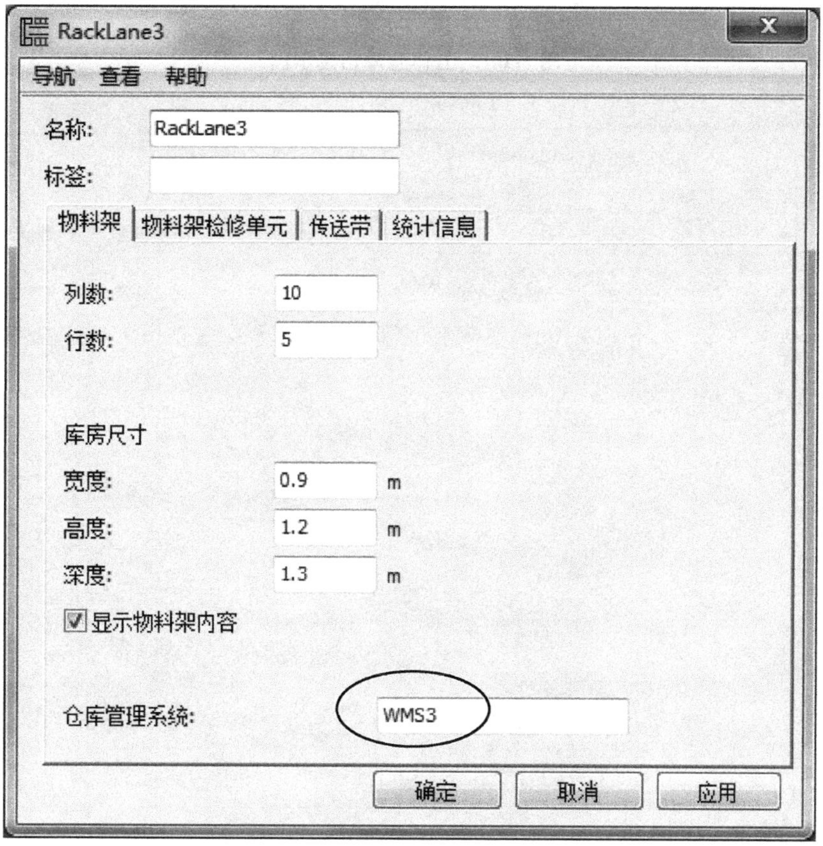

图 4-106　定义第四个立体仓库的仓库管理系统

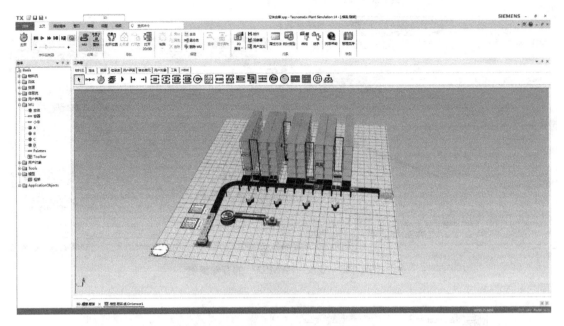

图 4-107　立体仓库仿真示例

第5章

综合实例训练

前面的章节介绍了 Plant Simulation 中对象的属性、常用到的分析工具、数据接口及多个特殊对象，正是依靠这些强大和完整的工具，Plant Simulation 才能对各种规模的工厂（包括大规模的跨国企业）和生产线进行建模和仿真，并对生产布局、资源利用率、产能和效率、物流和供需链进行分析和优化，以便各种工厂和生产线承接大小不同的订单与不同产品的混合生产。

Plant Simulation 的另外一个主要特点是支持继承性和层次性的建模。通过继承性的建模方式，实际生产中很多类似的子系统可以快速被引用和重用，从而极大提高模型的创建效率和使用率。层次性的建模方式使得复杂和庞大的模型（物流中心、装配工厂、机场等）变得层次分明、井然有序。

下面就如何在工程应用中熟练地运用前面所学习到的知识做一个比较详细的讲解，读者通过本章的实例可以更加熟悉地运用 Plant Simulation 解决现实中遇到的项目，同时可以作为解决实际问题的参考。

5.1 离散制造车间排程实例

产品的生产过程通常被分解成很多加工任务来完成。每项任务仅消耗企业的一小部分能力和资源。企业一般将功能类似的设备按照空间和管理组建成一些生产组织（部门、工段或小组）。在每个部门，工件从一个工作中心到另一个工作中心进行不同类型工序的加工。企业常常按照主要的工艺流程安排生产设备的位置，以使物料的传输距离最小。另外，由于在产品设计、加工需求和订货数量方面变动较多，因此产品加工的工艺路线和设备的使用也是非常灵活的。

离散制造的产品往往由经过一系列不连续的工序加工的多个零件装配而成，加工此类产品的企业称为离散制造型企业。例如，生产火箭、飞机、武器装备、船舶、电子设备、机床、汽车等产品的企业，都属于离散制造型企业。

1）从产品形态来说，离散制造的产品相对较为复杂，包含多个零部件，一般具有相对固定的产品结构、原材料清单和零部件装配关系。

2）从产品种类来说，一般的离散制造型企业都生产较多品种和系列的产品，这就决定所用物料的多样性。

3）从加工过程看，离散制造型企业的生产过程是由不同零部件加工子过程并联或串联组成的复杂过程，其过程中包含着许多的变化和不确定因素。从这个意义上来说，离散制造型企业的过程控制更为复杂和多变。

离散制造型企业的产能不像连续制造型企业主要由硬件（设备产能）决定，而主要由软件（加工要素的配置合理性）决定。具有同样规模和硬件设施的不同离散制造型企业由其管理水平差异导致的产能可能有天壤之别，从这个意义上来说，离散制造型企业通过软件（此处指广义的软件，相对硬件设施而言）方面的改进来提升竞争力更具潜力。

5.1.1　生产排程分析

生产排程问题对离散制造业有很重要的意义，因此相关研究很早便已开始。随着"工业4.0"理念的提出，我国提出了《中国制造2025行动纲领》，给传统离散制造业带来了很大的挑战。本节将围绕国内离散制造型企业生产中需求变化与波动之下的生产计划与调度问题进行具体研究。

生产排程的优化可以说是一家企业或公司保持竞争力而需要不断追求的目标。企业生产管理的依据是企业的生产计划。目前，大多数传统的离散制造型企业的生产计划还没能达到实时性方面的要求，经常导致仓库物料的积压。不够合理的生产计划可能会导致不能及时出货，或者供应商不能及时供货等，于是会产生一系列不良的后果，如生产负荷不均衡、质量不稳定、交期延误等。因此，研究这一问题对企业的生存与发展至关重要。

生产计划排程的目标是为车间制订一个详细严密的短期生产计划。该生产计划要确定加工开始时间、加工占用时间、加工工序及确切的人力资源需求，制订出生产计划后要与企业内部的各个部门沟通，决定订单的合理加工顺序。同时，要考虑各方面的因素，如客户的要求及机器的故障等。

5.1.2　生产排程仿真设计

流水车间调度问题（Flow shop Scheduling Problem，FSP）也称为同序作业调度问题，是许多现实中流水线调度问题的简化模型。任务是在有限的资源调度下，n个工件在m台机器中的每一台机器上依次以相同顺序加工，每台机器每次只能加工一个工件，每个工件每次只能在一台机器上加工，最后使总加工完成时间最少。下面以20个工件5台机器为例详细讲解。

新建一个FSP仿真模型的框架，对各图标进行重命名，如图5-1所示。将部分方法对象图标的颜色改为绿色（扫描二维码查看彩图），可以右击方法对象图标，将"CurrIcon"这个属性的值改为"User"即可。

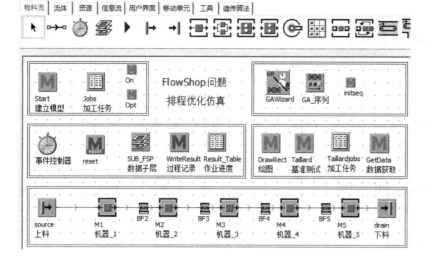

图 5-1 FSP 仿真模型框架

（扫描二维码查看彩图）

1）在"DrawRect 绘图"方法对象中输入如下 SimTalk 源代码：

current. eraselayer（1）　　--删除图层 1 中的所有图形元素

--在图层 1 中画一个矩形，左上角坐标为（7，7），长为 200，宽为 86，颜色值为 156，线宽为 1

current. drawrectangle(1,7,7,200,86,156,1)

current. drawrectangle(1,10,10,194,80,156,1)

current. drawrectangle(1,377,7,256,86,156,1)

current. drawrectangle(1,380,10,250,80,156,1)

current. drawrectangle(1,7,107,360,86,156,1)

current. drawrectangle(1,10,110,354,80,156,1)

current. drawrectangle(1,377,107,256,86,156,1)

current. drawrectangle(1,380,110,250,80,156,1)

current. drawtext(1,230,30,1,12,"FlowShop 问题")

current. drawtext(1,238,60,1,12,"排程优化仿真")

"DrawRect 绘图"方法对象的作用是将图 5-1 所示框架中的红色双线框以参数化的形式绘制出来，输入完毕后单击"运行"按钮，效果如图 5-1 所示。

2）在"Start 建立模型"方法对象中输入如下 SimTalk 源代码：

var i：integer

var name：string

var obj，obj2：object

initseq

if existsobject("source")then

　　　obj：= str_to_obj("source")

　　　obj. deleteobject

```
        end
    if existsobject("drain") then
        obj: = str_to_obj("drain")
        obj. deleteobject
    end
    for i: = 1 to 200 loop
        --清除已有的机器、暂存区等对象
        name: = sprint("M",i)
        if existsobject(name) then
            obj: = str_to_obj(name)
            obj. deleteobject
        end
        name: = sprint("BF",i)
        if existsobject(name) then
            obj: = str_to_obj(name)
            obj. deleteobject
        end
        name: = sprint("SUB_FSP. M",i,"_proctime")
        if existsobject(name) then
            obj: = str_to_obj(name)
            obj. deleteobject
        end
    next
    --对"Jobs 加工任务"表文件的格式进行预处理
    if jobs. maxXDim<6+number_of_machines then
        jobs. maxXDim: = 6+number_of_machines
    end
    for i: = 1 to number_of_machines loop
        jobs. setdatatype(6+i,"time")
        jobs[6+i,0]: = sprint("M",i)
    next
    --"current"表示当前模型层,如下代码生成的对象均放置在当前模型层
    --子模型层,用于存放加工时间数据
    if not existsobject("SUB_FSP") then
    obj: =.物料流. 框架. createobject(current,175,135,"SUB_FSP")
    obj. label: ="数据子层"
    end
    or i: = 1 to number_of_machines loop
        obj: =. 信息流. 表文件. createobject(str_to_obj("SUB_FSP"),i*80-60,20)
```

```
        obj. name: = sprint("M", i, "_proctime")
        obj. label: = sprint("M", i, "加工时间")
        obj. inheritformat: = false
        obj. inheritcomment: = false
        obj. inheritcontents: = false
        obj. maxXDim: = 2
        obj. columnindex: = true
        obj. columnwidth: = 10
        obj[1,0]: = "product"
        obj. setdatatype(2, "time")
        obj[2,0]: = "proctime"
    next
    --上料站: source
    obj: = . 物料流 . 源 . createobject(current, 40, 240, "source")
    obj. label: = sprint("上料")
    obj. MUselection: = sprint("sequence")
    --设置"source"的"MU 选择"是"序列",读"Jobs 加工任务"表文件,然后往 Flow Shop 上
挂工件
    obj. path: = sprint("jobs")
    for i: = 1 to number_of_machines loop
        if i>1 then
            name: = sprint("BF", i)
            obj2: = . 物料流 . 缓冲区 . createobject(current, i * 100, 240, name)
            obj2. zoomx: = 0. 5
            obj2. zoomy: = 0. 5
            obj2. proctime: = 0
            obj2. capacity: = 500
            . 物料流 . 连接器 . connect(obj, obj2)
            obj: = obj2
        end
        name: = sprint("M", i)
        obj2: = . 物料流 . 单处理 . createobject(current, 40+i * 100, 240, name)
        obj2. label: = sprint("机器_", i)
        obj2. entrancectrl: = "writeresult"
        --设置加工时间参数
        obj2. proctime. setparam("list(type)", str_to_obj(sprint("SUB_FSP. M", i, "_proc-
time")))--加工时间
        . 物料流 . 连接器 . connect(obj, obj2)
        obj: = obj2
```

```
next
obj2：=．物料流．物料终结．Createobject
（current,100+number_of_machines＊100,240,"drain"）
obj2.label：=sprint（"下料"）
．物料流．连接器．connect（obj,obj2）
current.eraselayer（2）
current.drawrectangle（2,7,207,126+number_of_machines＊100,96,218,1）
current.drawrectangle（2,10,210,120+number_of_machines＊100,90,218,1）
```

"Start 建立模型"方法对象的作用是以参数化的形式生成一个仿真模型，可以使模型随着参数的改变而改变，以便于修改。"number_of_machines"变量值统一为 5。

3）在"reset"方法对象中输入如下 SimTalk 源代码：

```
var i,j：integer
var name：string
var obj：object
result_table.delete
for j：=1 to number_of_machines loop
    name：=sprint（current,".SUB_FSP.M",j,"_proctime"）
    obj：=str_to_obj（name）
    for i：=1 to jobs.ydim loop
        obj[1,i]：=jobs[3,i]
        obj[2,i]：=jobs[6+j,i]
    next
next
```

"reset"方法对象的作用是将每个工件分别通过每台机器的加工时间录入到"SUB_FSP 数据子层"框架中的子表中。

4）在"Ori"方法对象中输入如下 SimTalk 源代码：

```
jobs.sort（5,"up"）
```

"Ori"方法对象的作用是将"Jobs 加工任务"表文件的第 5 列按升序排列，也就是按初始序列排列。

5）在"Opt"方法对象中输入如下 SimTalk 源代码：

```
jobs.sort（6,"up"）
```

"Opt"方法对象的作用是将"Jobs 加工任务"表文件的第 6 列按升序排列，也就是按优化后的顺序排列。

5.1.3　Taillard 基准测试

接下来以 20 个工件 5 台机器为基准进行仿真测试。

1）在"Taillard 基准测试"方法对象中输入如下 SimTalk 源代码：

```
var i,j,k,p,m,tm：integer
var name：string
```

```
var obj:object
var tbl:table
name: = sprint( root)
m: = pos( current. name,name)
name: = sprint( omit( name,m,strlen( current. name) ) ,"part")
tbl. create
if existsobject( "Taillardjobs") then
    obj: = str_to_obj( "Taillardjobs")
    obj. deleteobject
end
--生成一张嵌套表
obj: =. 信息流. 表文件. createobject( current,523,135,"Taillardjobs")
obj. label: ="加工任务"
for i: =1 to 5 loop
    for j: =1 to 10 loop
        obj. maxxdim: =11
        obj. columnwidth: =10
        obj. columnindex: =true
        obj. datatype: ="time"
        obj. setdatatype( 1,"object")
        obj[ 1,0]: ="MU type"
        obj. setdatatype( 2,"integer")
        obj[ 2,0]: ="Number"
        obj. setdatatype( 3,"string")
        obj[ 3,0]: ="Name"
        obj. setdatatype( 4,"table")
        obj[ 4,0]: ="Attributes"
        obj. setdatatype( 5,"integer")
        obj[ 5,0]: ="Ori"
        obj. setdatatype( 6,"integer")
        obj[ 6,0]: ="Opt"
        --为后面表示机器加工时间的列进行设置
        for k: =1 to 5 loop
            obj[ 6+k,0]: = sprint( "M",k)
        next
        --产生随机时间值,行数由 Taillard 确定
        for p: =1 to 20 loop
            obj[ 1,p]: = str_to_obj( name)
            obj[ 2,p]: =1
```

$$obj[3,p]:=sprint("J",p)$$

$$obj[5,p]:=p$$

for k：= 1 to 5 loop

    $tm:=z\_uniform(i*10+j,1,100)+0.5$

    --符合 1~100 均匀分布的随机加工时间

    $obj[6+k,p]:=tm$

next

    next

    next

next

运行"Taillard 基准测试"方法对象后，打开"Taillardjobs 加工任务"表文件，可发现它的格式和内容如图 5-2 所示。因为时间是随机生成的，所以每运行一次"Taillard 基准测试"方法对象，都会得到不同的时间表。

	object 1	integer 2	string 3	table 4	integer 5	integer 6	time 7	time 8	time 9	time 10	time 11
string	MU type	Number	Name	Attributes	Ori	Opt	M1	M2	M3	M4	M5
1	*.Scheduling...	1	J1		1		1:01.0000	1:17.0000	25.0000	41.0000	1:00.0000
2	*.Scheduling...	1	J2		2		21.0000	1:08.0000	10.0000	15.0000	24.0000
3	*.Scheduling...	1	J3		3		27.0000	17.0000	10.0000	1:14.0000	1:30.0000
4	*.Scheduling...	1	J4		4		32.0000	51.0000	40.0000	1:12.0000	53.0000
5	*.Scheduling...	1	J5		5		1:18.0000	39.0000	1:21.0000	1:19.0000	4.0000
6	*.Scheduling...	1	J6		6		1:23.0000	37.0000	36.0000	21.0000	33.0000
7	*.Scheduling...	1	J7		7		1:20.0000	1:31.0000	1:37.0000	1:09.0000	24.0000
8	*.Scheduling...	1	J8		8		1:21.0000	50.0000	17.0000	13.0000	57.0000
9	*.Scheduling...	1	J9		9		13.0000	5.0000	52.0000	11.0000	36.0000
10	*.Scheduling...	1	J10		10		1:12.0000	1:17.0000	39.0000	24.0000	1:01.0000
11	*.Scheduling...	1	J11		11		38.0000	18.0000	29.0000	1:12.0000	1:03.0000
12	*.Scheduling...	1	J12		12		26.0000	1:10.0000	9.0000	42.0000	1:15.0000
13	*.Scheduling...	1	J13		13		48.0000	47.0000	1:13.0000	21.0000	1:04.0000
14	*.Scheduling...	1	J14		14		55.0000	1:09.0000	1:37.0000	11.0000	1:14.0000
15	*.Scheduling...	1	J15		15		1:24.0000	42.0000	1:37.0000	19.0000	1:24.0000
16	*.Scheduling...	1	J16		16		26.0000	35.0000	7.0000	42.0000	31.0000

图 5-2 "Taillardjobs 加工任务"表文件

将"Taillardjobs 加工任务"表文件的数据复制到"Jobs 加工任务"表文件中，如图 5-3 所示。

2）如上手动复制数据到"Jobs 加工任务"表文件中的操作比较烦琐，因此可以利用方法对象来自动复制数据。在"GetData 数据获取"方法对象中输入如下 SimTalk 源代码：

var i,m：integer

ori

jobs. delete

m：= Taillardjobs. xdim

jobs. maxxdim：= m

for i：= 1 to m loop

    jobs. insertlist(i,1,taillardjobs. copy({i,1}..{i,*}))

next

string	object 1	integer 2	string 3	table 4	integer 5	integer 6	time 7	time 8	time 9	time 10	time 11
string	MU	Number	Name	Attribute	Ori	Opt	M1	M2	M3	M4	M5
1	*.Schedul...	1	J1		1		1:01.0000	1:17.0000	25.0000	41.0000	1:00.0000
2	*.Schedul...	1	J2		2		21.0000	1:08.0000	10.0000	15.0000	24.0000
3	*.Schedul...	1	J3		3		27.0000	17.0000	10.0000	1:14.0000	1:30.0000
4	*.Schedul...	1	J4		4		32.0000	51.0000	40.0000	1:12.0000	53.0000
5	*.Schedul...	1	J5		5		1:18.0000	39.0000	1:21.0000	1:19.0000	4.0000
6	*.Schedul...	1	J6		6		1:23.0000	37.0000	36.0000	21.0000	33.0000
7	*.Schedul...	1	J7		7		1:20.0000	1:31.0000	1:37.0000	1:09.0000	24.0000
8	*.Schedul...	1	J8		8		1:21.0000	50.0000	17.0000	13.0000	57.0000
9	*.Schedul...	1	J9		9		13.0000	5.0000	52.0000	11.0000	36.0000
10	*.Schedul...	1	J10		10		1:12.0000	1:17.0000	39.0000	24.0000	1:01.0000
11	*.Schedul...	1	J11		11		38.0000	18.0000	29.0000	1:12.0000	1:03.0000
12	*.Schedul...	1	J12		12		26.0000	1:10.0000	9.0000	42.0000	1:15.0000
13	*.Schedul...	1	J13		13		48.0000	47.0000	1:13.0000	21.0000	1:04.0000
14	*.Schedul...	1	J14		14		55.0000	1:09.0000	1:37.0000	11.0000	1:14.0000
15	*.Schedul...	1	J15		15		1:24.0000	42.0000	1:37.0000	19.0000	1:24.0000
16	*.Schedul...	1	J16		16		26.0000	35.0000	7.0000	42.0000	31.0000

*.Scheduling.part

图 5-3 "Jobs 加工任务"表文件

start

只要运行"GetData 数据获取"方法对象,"Taillardjobs 加工任务"表文件中的数据就会自动复制到"Jobs 加工任务"表文件中。

3)在"WriteResult 过程记录"方法对象中输入如下 SimTalk 源代码:

result_table[1,result_table. ydim+1]:=@. name

result_table[2,result_table. ydim]:=?. name

result_table[3,result_table. ydim]:=eventcontroller. simtime

result_table[4,result_table. ydim]:=result_table[3,result_table. ydim]+?. proctime

"WriteResult 过程记录"方法对象的作用是在仿真模型运行时,将各个工件在各台机器上停留的时间提取出来并记录在"Result_Table 作业进度"表文件中。

4)完成如上测试准备,运行模型,可发现总加工时间为"24:46.0000",如图 5-4 所示。

图 5-4 测试运行总加工时间

打开"SUB_FSP 数据子层"框架中的加工时间子表，可看到其内容如图 5-5 所示。

J1	string 1	time 2
string	product	proctime
1	J1	1:01.0000
2	J2	21.0000
3	J3	27.0000
4	J4	32.0000
5	J5	1:18.0000
6	J6	1:23.0000
7	J7	1:20.0000
8	J8	1:21.0000
9	J9	13.0000
10	J10	1:12.0000
11	J11	38.0000
12	J12	26.0000
13	J13	48.0000
14	J14	55.0000
15	J15	1:24.0000

图 5-5　加工时间子表

打开"Result_Table 作业进度"表文件，可看到其内容如图 5-6 所示。

string 1	string 2	time 3	time 4
string	Jobs Name	Machine	Start	End
1	J1	M1	0.0000	1:01.0000
2	J2	M1	1:01.0000	1:22.0000
3	J1	M2	1:01.0000	2:18.0000
4	J3	M1	1:22.0000	1:49.0000
5	J4	M1	1:49.0000	2:21.0000
6	J2	M2	2:18.0000	3:26.0000
7	J1	M3	2:18.0000	2:43.0000
8	J5	M1	2:21.0000	3:39.0000
9	J1	M4	2:43.0000	3:24.0000
10	J1	M5	3:24.0000	4:24.0000
11	J3	M2	3:26.0000	3:43.0000
12	J2	M3	3:26.0000	3:36.0000
13	J2	M4	3:36.0000	3:51.0000
14	J6	M1	3:39.0000	5:02.0000
15	J4	M2	3:43.0000	4:34.0000

图 5-6　"Result_Table 作业进度"表文件

5.2 利用遗传算法优化实例

一般来说，标准流水车间调度问题采用遗传算法向导（GAWizard）与 GA 序列算法就可以解决问题。

1. 遗传算法优化设计

1）双击图 5-1 所示模型中的"GAWizard"图标打开"遗传算法范围"对话框，将"世代数"和"世代大小"分别设置为"25"和"30"，同时保留 10 个最优解。勾选"配置方法"选项并单击"编辑"按钮，然后输入如下 SimTalk 源代码：

```
var i:integer
var chrom:table
var obj:object
chrom:=individual[1,1]
result:=true
obj:=.scheduling.general_FSP.jobs
obj.sort(5,"up")
for i:=1 to obj.ydim loop
    obj[6,chrom[1,i]]:=i
next
obj.sort(6,"up")
```

因为本例的优化目标为总加工时间，所以"适应度计算"选择"按方法"，其代码不用修改，则"遗传算法范围"对话框如图 5-7 所示。

2）在"initseq"方法对象中输入如下 SimTalk 源代码：

```
var i:integer
GA_序列.delete
for i:=1 to jobs.ydim loop
    GA_序列[1,i]:=i
Next
```

"initseq"方法对象的作用是将"Jobs 加工任务"表文件中工件的个数提取并录入到"GA_序列"中。

2. 遗传算法优化结果

1）双击"GA_序列"图标打开其对话框，在"遗传操作符"选项卡中将操作符选择为"PMX"（部分映射交叉）。运行 GA 运算优化排程，优化后得到总加工时间为"20：58.0000"，如图 5-8 所示。

优化后的总加工时间比优化前的总加工时间少了 3min48s，约减少了 16%，由此可见遗传算法优化对离散制造业生产排程总加工时间的优化作用是很大的。

2）双击"GAWizard"图标打开"遗传算法范围"对话框，在"评估"选项卡中勾选"显示详细的 HTML 报告"选项并单击其下方的"显示"按钮，稍等几秒，Plant Simulion 就会显示详细的 HTML 报告。

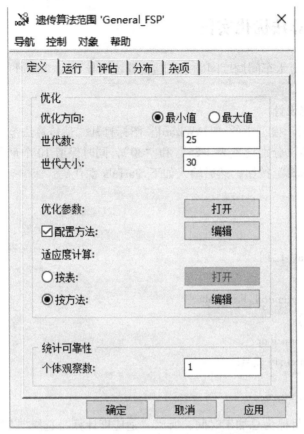

图 5-7　"遗传算法范围" 对话框

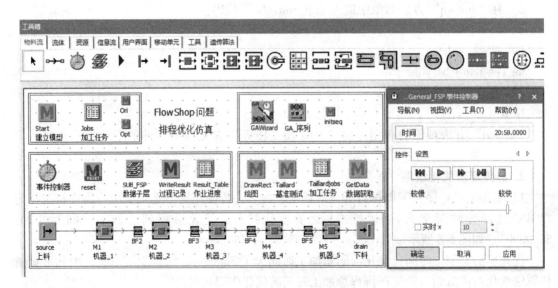

图 5-8　GA 优化后总加工时间

包含具体优化结果的 HTML 报告如下：

一般信息

- 模型文件: D:\TPS\流水车间生产排程仿真.spp
- GA 向导: .Scheduling.General_FSP.GAWizard
- 生成于: 2018/03/02 09:49:17.6820
- 优化的运行时间: 39.7410

模型

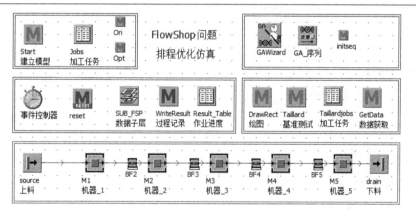

.Scheduling.General_FSP

优化结果

最佳适应度: 1258

最佳方案的参数已在模型中设置。

序列问题的最佳方案

.Scheduling.General_FSP.Jobs

12, 3, 16, 18, 17, 14, 20, 10, 11, 19, 13, 9, 4, 15, 6, 8, 7, 1, 2, 5

评估世代的适应度值

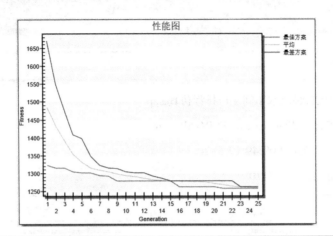

设置

定义优化参数

Parameter	Root.jobs
序列	Root.jobs
20元素	

适应度计算

适应度计算已通过用户定义的方法完成。

优化的方向: Minimum

设置遗传算法

世代数: 25

世代大小: 30

个体观察数: 1

生成的个体

遗传算法生成的 1470 个体。

已执行相同个体搜索。

生成的多个个体的数目: 391

未应用罚函数法。

评估的个体数: 1079

个体观察数: 1

已执行 1079 仿真运行。

初代和末代的子对象

第 1 代

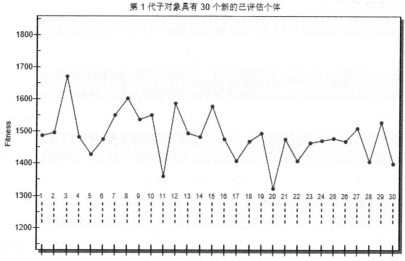

第 1 代子对象具有 30 个新的己评估个体

第 25 代

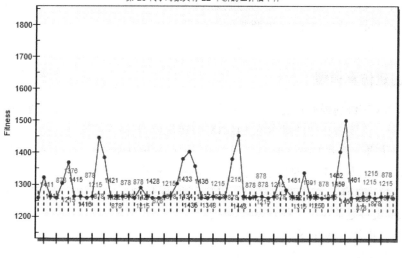

第 25 代子对象具有 22 个新的己评估个体

5.3　利用数据接口与 PLC 交换数据实例

第 3 章已经介绍过 Plant Simulation 众多数据接口的功能和用法，目前工程中比较常见的应用场景是通过 OPCClassic 接口与外界的 PLC 交换数据，下面就以一个工程应用实例来详细说明。

5.3.1　目标及要求

本实例以 U 盘的实际生产为例，真实地还原了从用户下单直至产品出库的完整流程，以及集成自动化工程、生产运营、数据追溯分析的全流程。

本实例的工程原型为一个"工业 4.0"示范工厂，由 ERP（企业资源计划）与 PLM（产品生命周期管理）软件共同组成整个工厂软件系统的顶层结构。ERP 系统在接收到客户订单后会及时响应订单需求、进行处理、生成最终可执行的生产工单，并将其传送至 PLM 系统。经过 PLM 系统的虚拟研发后，所有产品的信息会从研发部门转发至 MES（制造执行系统），用以实时控制整个现场控制与执行系统；同时，每条生产线上的工件都会将其状态、下一生产工序等信息经由 MES 再转发回 PLM 系统，从而实现开发人员、产品工程师及生产工程师之间的数据共享。MES 与现场控制与执行系统的总控 PLC 直接连接，MES 会根据 PLM 系统转发的产品信息，将与之相匹配的生产任务号传送给总控 PLC，总控 PLC 会将所接收到的任务号分发给各个环节的分控 PLC，各个环节的分控 PLC 会根据相应的任务号来执行其所对应的控制程序，从而达到柔性生产的目的。

本实例对 Plant Simulation 的要求如下。

1）利用 Plant Simulation 软件，对示范产品的生产线进行物流仿真。

2）显示实际生产过程中产品的物流运送过程。

3）显示产品的生产时间、生产瓶颈等信息，对生产过程进行动态分析。

4）建立物理生产线的数字孪生模型。

5.3.2　创建仿真模型

用 UG NX 三维建模软件建立的生产线布局模型如图 5-9 所示。为了将该模型导入 Plant Simulation 中，需要将指定的部分在 UG NX 中转化成 JT 格式的文件，再利用 Plant Simulation 重新布局和仿真，得到的最终模型如图 5-10 所示。下面介绍将 UG NX 创建的 JT 文件导入 Plant Simulation、替换其中的各个工位、最终完成布局模型的方法和步骤。

以立式机床为例，在工程仿真中，机床门的打开和关闭是由一个 PLC 信号控制的，那么在导出 JT 文件之前需要将机床的门和机床主体分开导出，然后再在 Plant Simulation 中装配起来，具体操作步骤如下。

1）将机床设置为显示部件，如图 5-11 所示。

2）隐藏机床门，只显示机床主体，如图 5-12 所示。

3）导出机床主体的 JT 文件，在导出文件的对话框中，将"组织 JT 文件"选择为"作为单个文件"，如图 5-13 所示。

4）隐藏机床主体，显示机床门，如图 5-14 所示，继续导出机床门的 JT 文件。

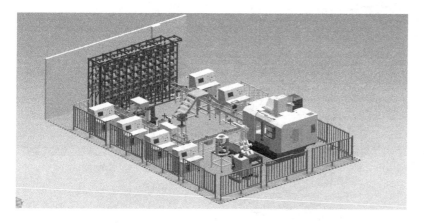

图 5-9　用 UG NX 建立的生产线布局模型

（扫描二维码查看彩图）

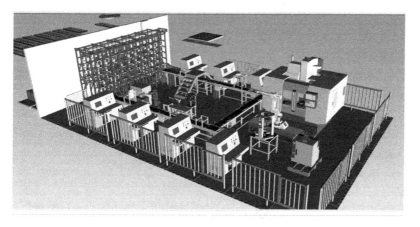

图 5-10　Plant Simulation 中的生产线布局模型

（扫描二维码查看彩图）

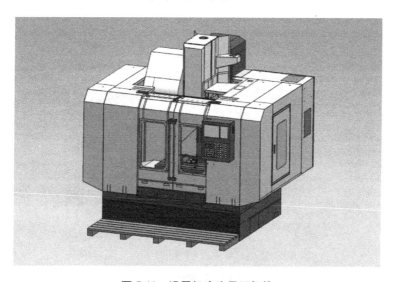

图 5-11　设置机床为显示部件

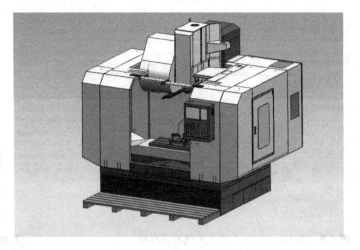

图 5-12　隐藏机床门

图 5-13　导出机床主体的 JT 文件

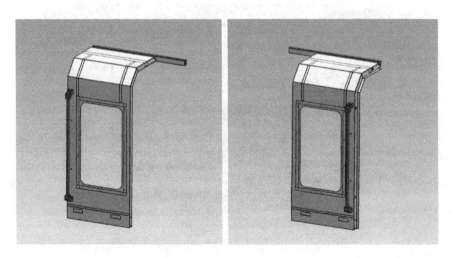

图 5-14　隐藏机床主体

5）进入 Plant Simulation，利用导出的 JT 文件，将工位的外观替换成机床的样子，如图 5-15 所示。

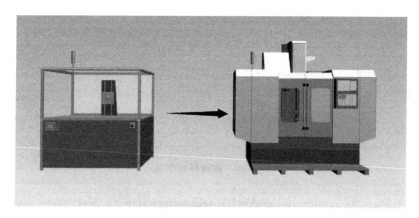

图 5-15 更换外观

6）设置机床门的动画，根据实际情况设置速度，如图 5-16 所示。

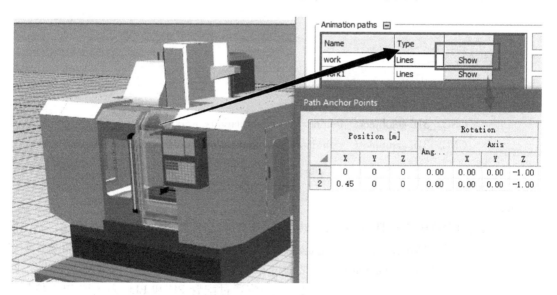

图 5-16 设置机床门的动画

7）分别设置完两个门的动画后，为了能让信号控制它们的运动，需要在模型中新建一个外部变量，新建外部变量的类型要根据信号表中的类型设置。本例中开关门的信号为布尔型，所以需要设置一个布尔型的外部变量，并为变量添加注释以便于了解变量的含义，如图 5-17 所示。

8）新建一个方法对象，利用其控制机床门的开关，具体的 SimTalk 源代码如下：

```
--CNC 开门
if CNC_door = true then
    if door_s = true then
        door_s : = false
```

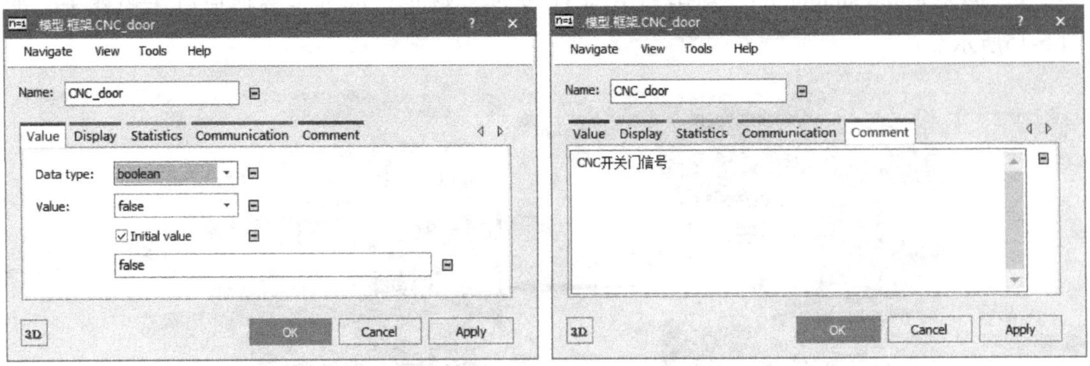

图 5-17　新建外部变量

CNC. _3D. getobject("leftdoor"). selfanimations. work. play

CNC. _3D. getobject("rightdoor"). selfanimations. work. play

else

end

end

--CNC 关门

if CNC_door = false then

if door_s = false then

door_s: = true

CNC. _3D. getobject("leftdoor"). selfanimations. work1. play

CNC. _3D. getobject("rightdoor"). selfanimations. work1. play

else

end

end

以上就是设置机床模型 JT 文件、设置动画、编辑运动控制方法对象的具体方法，其他模型的 JT 文件设置与此类似，动作控制也是通过外部变量及方法对象来完成的，不再赘述。将所有模型文件导入 Plant Simulation 后，需要通过 PLC 信号的变化来使模型中的变量发生变化，从而使模型动起来，达到虚实结合的效果。下面将通过配置 PC 和 PLC 来读取 PLC 信号的变化。

5.3.3　读取外部信号

如 3.6.2 小节所述，要实现信号的对接，如下三要素必须成立。

1）本地客户端的以太网 IP 与局域网所在网段一致。

2）PLC 中要添加 PC 与 PLC 相连，PC 的 IP 要与本地客户端一致。

3）本地客户端要配置 OPC 站的参数，使之与 PLC 中添加 OPC 的插口相同。

因此，需要先进行读取信号前设置。

1. 读取信号前设置

1）首先配置本地以太网 IP，因为本例的网段为 192.168.0.xx，所以要改成相同网段，如图 5-18 所示。

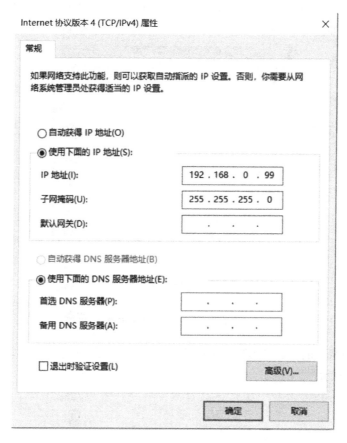

图 5-18　修改 IP 地址

2）PLC 中已经添加了 PC，接下来看本地客户端，如图 5-19 所示，如果出现一个插头状的图标，则表示已连接成功。

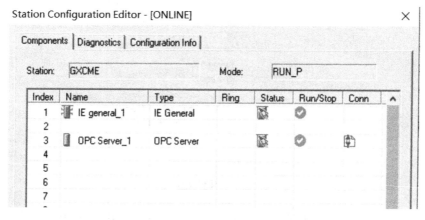

图 5-19　配置 PC

配置好后就可以读取 PLC 的数据了。

2. 读取信号方法一

1）打开 OPC Scout V10，找到"OPC.SimaticNET"下的"SYM"文件夹，可发现其子目录已经出现了，如图 5-20 所示，这说明 PLC 的数据已经下载到了 OPC 上。

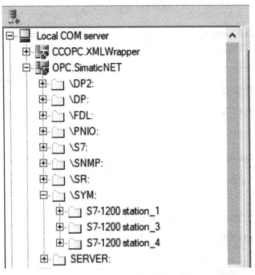

图 5-20 "SYM"的子目录

2）展开"SYM"的"S7-1200 station_1"子目录，可发现已经有很多 PLC 的信号在目录中，如图 5-21 所示。

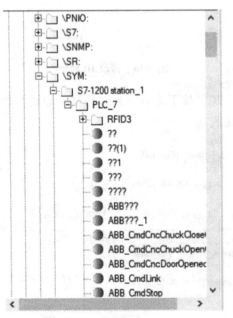

图 5-21 PLC 的信号

3）将需要的信号拖入下方的"DA view"区域列表的"ID"列单元格中，然后单击"Monitoring"按钮，若"Result"列单元格中显示"S_OK"，则表示读取成功，如图 5-22 所示。

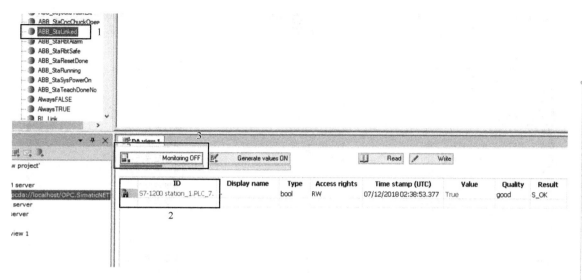

图 5-22　验证是否连接成功

4）再单击"Monitoring"按钮，复制此信号的信息（ID），如图 5-23 所示。

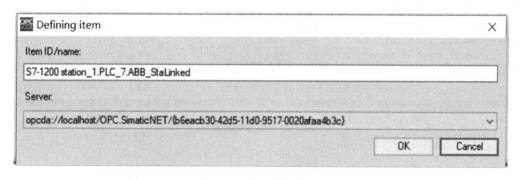

图 5-23　复制信号信息

5）在 Plant Simulation 中打开 OPCClassic 接口的对话框，将信息复制到"Items"表的子表中，需要哪个信息就复制哪个信息，重复步骤 2）和步骤 3）即可，最终得到的子表如图 5-24所示。

3. 读取信号方法二

应用如上方法读取信号时，可以发现图 5-21 所示"PLC_7"目录中有些信号是乱码的，这是因为 PLC 的变量中有以中文命名的变量，而 OPC Scout V10 软件不支持中文，所以会显示乱码。如果有这种情况出现且找不到所需的信号，则可以通过另一种方法添加信号，具体步骤如下。

1）展开图 5-21 所示目录中的"S7"文件夹，如图 5-25 所示。在正常连接的情况下，这里会出现几个子文件夹，并且会有一些文件夹名称带有"connection"字样。

2）打开带有"connection"字样的文件夹，这里的 connection 是与 PLC 所建立的连接是相对应的，需要哪个 PLC 信号，就打开对应的文件夹。可以在"objects"文件夹中建立所需要的变量，并且在该文件夹中建立变量时，不需要知道变量的名称，只需要知道变量的地

.模型.框架.OPC - Items[1,1]

S7-1200 station_3.PLC_3.M1

	Item Name	Type	Alias	Changed-Value Control	AccessPath
1	S7-1200 station_3.PLC_3.M1	Boolean	M1	.模型.框架.方法1	
2	S7-1200 station_3.PLC_3.M2	Boolean	M2	.模型.框架.方法1	
3	S7-1200 station_3.PLC_3.M3	Boolean	M3	.模型.框架.方法1	
4	S7-1200 station_3.PLC_3.M4	Boolean	M4	.模型.框架.方法1	
5	S7-1200 station_3.PLC_3.M5	Boolean	M5	.模型.框架.方法1	
6	S7-1200 station_3.PLC_3.M6	Boolean	M6	.模型.框架.方法1	
7	S7-1200 station_3.PLC_3.M7	Boolean	M7	.模型.框架.方法1	
8	S7-1200 station_3.PLC_3.M8	Boolean	M8	.模型.框架.方法1	
9	S7-1200 station_3.PLC_3.M9	Boolean	M9	.模型.框架.方法1	
10	S7-1200 station_3.PLC_3.YV31	Boolean	YV31	.模型.框架.方法1	
11	S7-1200 station_3.PLC_3.YV41	Boolean	YV41	.模型.框架.方法1	
12	S7-1200 station_3.PLC_3.YV51	Boolean	YV51	.模型.框架.方法1	
13	S7-1200 station_3.PLC_3.YV61	Boolean	YV61	.模型.框架.方法1	
14	S7-1200 station_3.PLC_3.YV71	Boolean	YV71	.模型.框架.方法1	
15	S7-1200 station_3.PLC_3.YV72	Boolean	YV72	.模型.框架.方法1	
16	S7-1200 station_3.PLC_3.YV73	Boolean	YV73	.模型.框架.方法1	
17	S7-1200 station_3.PLC_3.YV74	Boolean	YV74	.模型.框架.方法1	
18	S7-1200 station_3.PLC_3.YV75	Boolean	YV75	.模型.框架.方法1	
19	S7-1200 station_3.PLC_3.YV81	Boolean	YV81	.模型.框架.方法1	
20	S7-1200 station_3.PLC_3.YV82	Boolean	YV82	.模型.框架.方法1	
21	S7-1200 station_3.PLC_3.YV101	Boolean	YV101	.模型.框架.方法1	
22	S7-1200 station_3.PLC_3.YV102	Boolean	YV102	.模型.框架.方法1	
23	S7-1200 station_4.PLC_1.RFID1.YANSE	Int1	yanse	.模型.框架.方法1	

确定　取消　应用

图 5-24　信号信息表

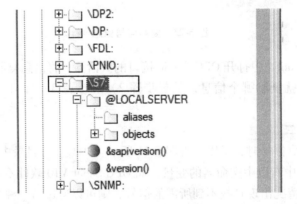

图 5-25　"S7" 文件夹

址，所以对图 5-21 中出现乱码的变量，可以通过这种方法找到它并添加到 Plant Simulation 中。

读取 OPC 中的数据可以用方法对象来实现，SimTalk 源代码如下：

line_y：= opc. getItemValue（"M1"）

line1_y：= opc. getItemValue("M2")

line2_y：= opc. getItemValue("M3")

line3_y：= opc. getItemValue("M5")

line4_y：= opc. getItemValue("M7")

line5_y：= opc. getItemValue("M8")

line6_y：= opc. getItemValue("M9")

转换器_y：= opc. getItemValue("M4")

转换器 1_y：= opc. getItemValue("M6")

dingchu1：= opc. getItemValue("YV31")

dingchu2：= opc. getItemValue("YV51")

dingchu3：= opc. getItemValue("YV72")

dingchu4：= opc. getItemValue("YV81")

dingchu5：= opc. getItemValue("YV82")

dingsheng：= opc. getItemValue("YV41")

dingsheng1：= opc. getItemValue("YV61")

tanzhen：= opc. getItemValue("YV71")

yeyadingchu：= opc. getItemValue("YV101")

yanse：= opc. getItemValue("yanse")

xingzhuang：= opc. getItemValue("xingzhuang")

bianhao：= opc. getItemValue("bianhao")

gotocangku：= opc. getItemValue("ruku")

chuku：= opc. getItemValue("chuku")

输入完毕后运行模型，将 OPC 接口切换到运行状态，就会发现模型会跟随信号的变动而运动，从而达到虚实结合的效果。

参 考 文 献

［1］ 纳米亚斯. 生产与运作分析：第 7 版 ［M］. 北京：清华大学出版社，2018.

［2］ 周金平. 生产系统仿真：Plant Simulation 应用教程 ［M］. 北京：电子工业出版社，2011.

［3］ 周泓，邓修权. 生产系统建模与仿真 ［M］. 北京：机械工业出版社，2012.

［4］ CAO C，GU X，XIN Z. Stochastic chance constrained mixed-integer nonlinear programming models and the solution approaches for refinery short-term crude oil scheduling problem ［J］. Applied Mathematical Modelling，2010，34（11）：3231-3243.

［5］ DENG G，GU X. A hybrid discrete differential evolution algorithm for the no-idle permutation flow shop scheduling problem with makespan criterion ［J］. Computers & Operations Research，2012，39（9）：2152-2160.

［6］ 王博远. 基于 eM-Plant 汽车混流装配线的仿真与优化 ［D］. 沈阳：东北大学，2015.

［7］ 西曼. eM-Plant 在电容式电压互感器生产布局优化中的应用研究 ［D］. 上海：上海交通大学，2015.

［8］ 李华. 基于 eM-Plant 的汽车焊装生产线仿真与优化技术研究 ［D］. 成都：西南交通大学，2013.

［9］ 王森森. 基于 Plant-Simulation 的卡车生产系统仿真建模及优化研究 ［D］. 济南：山东大学，2020.

［10］ 李慧，孙元亮，张超. 基于 Plant Simulation 的航空发动机叶片机加生产线仿真分析与优化 ［J］. 组合机床与自动化加工技术，2019，（7）：116-118.

［11］ 陈杨，游江洪，邵之江，等. 高温气冷堆核电站的一种仿真方法 ［J］. 高校化学工程学报，2014，28（1）：110-114.

［12］ 刘克天，王晓茹. 电厂锅炉及辅机对电力系统动态频率影响的仿真研究 ［J］. 电力系统保护与控制，2014，42（13）：53-58.